AF565418

Entdecke die Bionik

Bernd Hill

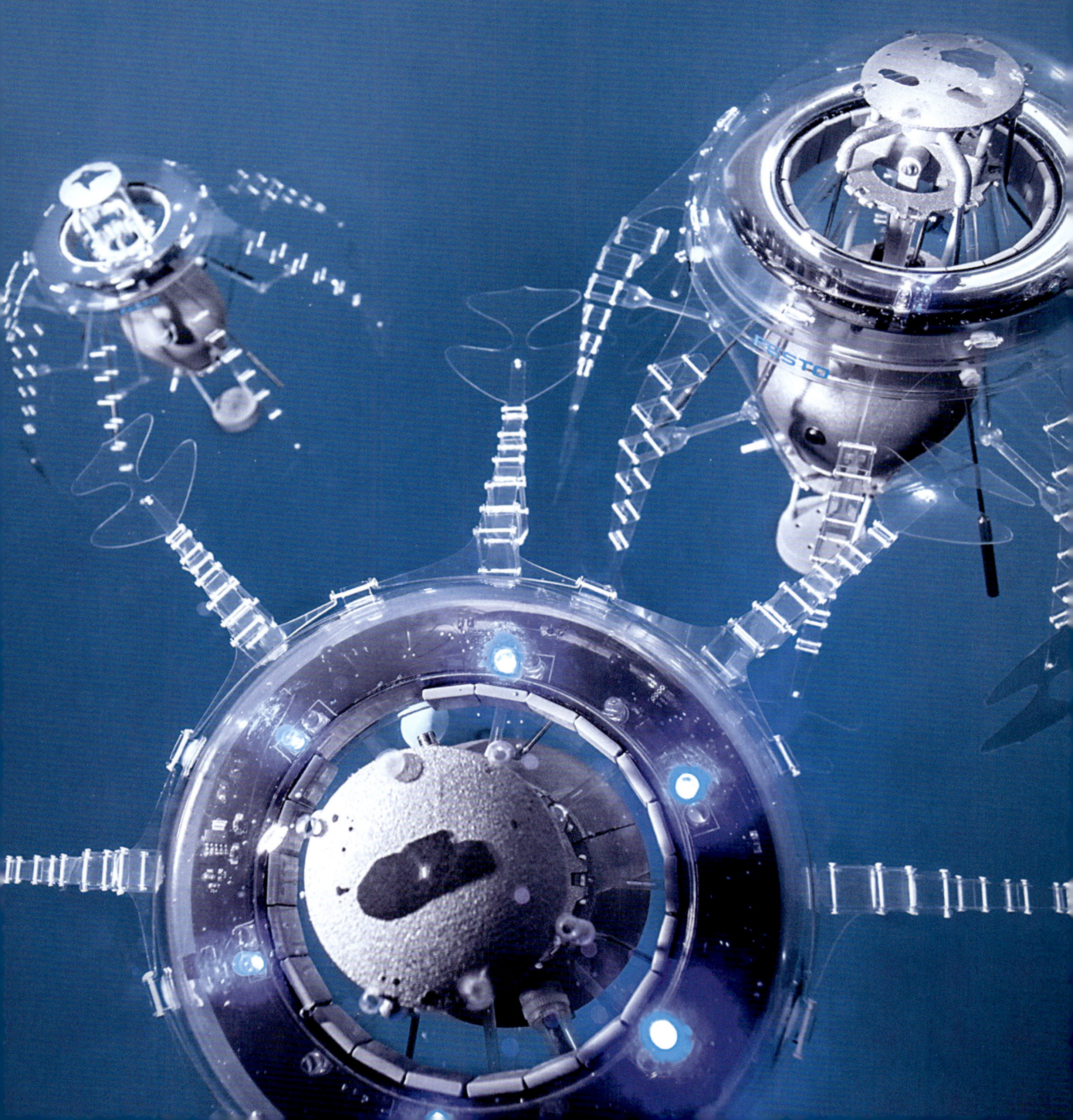

Titelbild: Begegnung zwischen echtem und bionischem Elefantenrüssel
Foto: Festo AG & Co. KG
Rückseite: Die bionische ExoHand
Foto: Festo AG & Co. KG

Seite 1+2: Bionische Quallen „Aqua Jelly“ der Firma Festo
Foto: Festo AG & Co. KG

Die in diesem Buch enthaltenen Angaben wurden vom Autor nach bestem Wissen erstellt und sorgfältig überprüft.
Da inhaltliche Fehler trotzdem nicht völlig auszuschließen sind, erfolgen diese Angaben ohne jegliche Verpflichtung des Verlages oder des Autors. Beide übernehmen keine Haftung für etwaige inhaltliche Unrichtigkeiten.

ISBN: 978-3-86659-297-1

 2. Auflage 2018
An der Kleimannbrücke 39/41
48157 Münster
Tel.: 0251-13339-0
Fax: 0251-13339-33
E-Mail: verlag@ms-verlag.de
Home: www.ms-verlag.de
Geschäftsführung: Matthias Schmidt
Layout: Ann-Christine Schönenberg
Lektorat: Kriton Kunz
Bildredaktion: Kriton Kunz
Druck: Alföldi, Debrecen

Alle in dieser Aufstellung nicht aufgeführten Fotos wurden freundlicherweise von der Festo AG & Co. KG. zur Verfügung gestellt.

Shutterstock:
Seite 4+5: gorillaimages
Seite 6: KarSol
Seite 7: unten: 3drenderings
Seite 8: oben: Fouad A. Saad
Seite 8: Mitte: design56
Seite 8: unten: QiuJu Song
Seite 12+13: Dirk Ercken
Seite 13: oben: AustralianCamera
Seite 14+15: Dudarev Mikhail
Seite 16: oben links: Leo Blanchette
Seite 17: oben rechts: garanga
Seite 17: Mitte: Mar.K
Seite 17: unten links: DrMadra
Seite 18: oben: Georgios Kollidas
Seite 18+19: petratlu
Seite 19: oben links: Judy Kennamer
Seite 24: oben rechts: Marzolino
Seite 24+25: Kzenon
Seite 26: oben rechts: Everett Historical
Seite 28: Mitte: Fabio Sacchi
Seite 28: unten: Alex Zabusik
Seite 29: Mitte: suns07butterfly
Seite 31: unten Hintergrund: Bildagentur Zoonar GmbH
Seite 31: unten links: Anton Watman
Seite 31: unten rechts: Stocksnapper
Seite 34+35: xtrekx
Seite 34: unten: Nathanael Siders
Seite 36: oben: eranicle
Seite 36+37: WDG Photo
Seite 37: oben: s-ts
Seite 38: oben rechts: Fotografiche
Seite 41: oben: April Cat
Seite 42: oben: Panaiotidi
Seite 43: oben: Image Point Fr
Seite 43: unten rechts: Audrey Snider-Bell
Seite 46: oben: Andrea Izzotti
Seite 48+49: JetKat
Seite 50: oben links: Marc Dietrich
Seite 50+51: Dasha Petrenko
Seite 55: Hintergrund: r.classen
Seite 55: unten: JGade
Seite 56: unten: outdoorsman
Seite 58+59: Serhiy Kobyakov

Thinkstock Images International:
Seite 5: Geoff Kuchera
Seite 7: oben: Hailshadow
Seite 10: AlexRaths
Seite 10+11: yangphoto
Seite 16: oben rechts: Serg_Velusceac
Seite 16: Mitte: Photos.com
Seite 17: oben links: Claudio Divizia
Seite 17: unten rechts: vaeenma
Seite 19: oben rechts: Suleyman Alantug
Seite 24: oben links: chaiyon021
Seite 26: oben links: bazilfoto
Seite 30: oben: HaraldBiebel
Seite 32+33: Hintergrund: Tomasz Wyszolmirski
Seite 32: Mitte: defun
Seite 38+39: Bambus links u. rechts: RomoloTavani
Seite 38: unten: IDC/amanaimagesRF
Seite 39: Mitte: attl
Seite 40: oben: Passakorn_14
Seite 40: unten: lee_supak
Seite 41: Mitte: iJacky
Seite 41: unten: Tjapan
Seite 42: unten: Nerthuz
Seite 42: unten: cosmin4000
Seite 43: unten links: GlobalP
Seite 46: unten: amwu
Seite 47: oben: Eric Isselée
Seite 48+49: Hintergrund: GeorgiMironi
Seite 49: unten links: hooky13
Seite 49: unten rechts: burnsboxco
Seite 52+53: Fernando Gregory Milan
Seite 56: Mitte: taviphoto
Seite 57: unten: JackF
Seite 62+63: Hintergrund: Nastco
Seite 62+63: lebende Fische: abadonian

Arco Images GmbH:
Seite 44: oben: imageBROKER: Emanuele Biggi/FLPA
Seite 44: unten: NPL/ Ingo Arndt
Seite 45: D. Usher
Seite 52: unten: NPL/Andy Sands
Seite 54: oben: J. Pfeiffer
Seite 58: oben: Stephen Dalton/NPL

Fotolia:
Seite 33: oben: sinuswelle
Seite 33: unten: eks_design

Okapia KG:
Seite 24: Mitte: B. & H. Kunz

juniors@wildlife:
Seite 11: oben: Harvey, M./ juniors@wildlife

Sonstige:
Seite 25: oben: Bernd Hill
Seite 39: unten: Daniel Knop
Seite 50: oben rechts: Bernd Hill
Seite 53: unten: Daniel Knop

Seite 57: oben: Dr. Thomas Stegmaier Institut für Textil- und Verfahrenstechnik
der Deutschen Institute für Textil- und Faserforschung Denkendorf]]

Mauritius-Images:
Seite 26+27: United Archives

Inhaltsverzeichnis

Die Samenstände von Pusteblumen auf die Reise zu schicken, macht einfach Spaß!

Nach ihrem Vorbild gleiten jedoch auch Fallschirmspringer durch die Luft. In der Natur gibt es viel zu entdecken, was sich für technische Lösungen eignet.

Mit Entdeckungen beginnt es

Die Entwicklung der Technik vollzieht sich, indem Menschen schöpferisch tätig werden. Oft beruht sie auf Entdeckungen aus der Natur und daraus abgeschauten Erfindungen. So entdeckte der Mensch das Feuer und erfand einfache Methoden sowie technische Mittel, um Feuer zu entzünden. Dadurch war es ihm möglich, seine Nahrung zuzubereiten, sich zu wärmen und es noch auf andere Art und Weise zu nutzen.

Entdecken kann man, was in der Natur vorhanden ist, zum Beispiel einen seltenen Käfer oder eine interessante Pflanze. Zudem ist es uns möglich, Naturerscheinungen wie Blitz oder Tau zu entdecken und daraus ganz bestimmte Erkenntnisse abzuleiten, die für uns nützlich sind und uns bei der Weiterentwicklung der Technik helfen. So kann der Mensch nach Vorbildern der Natur technische Mittel erfinden. Die Vorbilder der Natur sind für die Technik des Menschen oft vor allem deshalb so bedeutsam, weil sie mit geringem Aufwand an Material und Energie sehr stabil sind und perfekt funktionieren.

Nicht alles ist abgekupfert

Natürlich hat der Mensch nicht alles der Natur abgeschaut. Vieles hat er erfunden und erst später entdeckt, dass eine ähnliche Lösung auch in der Natur existiert. So etwas nennt man Analogie.

Rammböcke wurden in der Antike und im Mittelalter eingesetzt, um Mauern und Tore aufzubrechen

Vorbild aus der Natur für Rammböcke waren die Widder wehrhafter Arten von Schafen

Der Rammbock als Mauer- und Torbrecher belagerter Festungen ist ein Beispiel: Vor dreitausend Jahren erfanden die Griechen ihn nach dem Vorbild des Widderschädels. Die Entdeckung, dass die gewölbte Stirn mit den kurzen Hörnern besonders widerstandsfähig war, führte zur Erfindung der Ramme, die nun die dicksten Festungstore zerschmettern konnte.

Mit Vorbildern, die uns die Natur sozusagen „gratis" zur Verfügung stellt, kann die Kreativität des Menschen gesteigert werden, also seine Fähigkeit, selbst etwas zu entwickeln. Diese Tatsache erkannte auch schon der griechische Gelehrte Archimedes von Syrakus. Er lebte um 287 bis 212 vor Christus. Archimedes löste gern technische Probleme. Gemäß dem Grundsatz, dass sich eine bestehende technische Lösung immer noch weiter verbessern lässt, versuchte er, die damaligen Wasserschöpfwerke effektiver zu machen. Wasserschöpfwerke dienten in damaliger Zeit zur Bewässerung höher gelegener Felder. Bei der Untersuchung solcher Schöpfwerke stellte er fest, dass der größte Teil der geförderten Wassermenge wieder nutzlos in den Fluss zurücklief. Zwischen den vielen hintereinander angeordneten Schaufeln und der Rinne befanden sich nämlich Spalten, die das Wasser durchließen.

Vorbild Reißzahn

Die Erfindungen des Menschen wurden von jeher durch die Natur angeregt. Zeugnisse dafür sind die ersten Werkzeuge der Urmenschen aus der Altsteinzeit: Diese sogenannten Faustkeile ähneln den keilförmigen Reiß- und Schneidezähnen der Raubtiere, die zur Zeit unserer Vorfahren lebten. Viele Werkzeuge, die auch wir heute noch benutzen, lassen eine Ähnlichkeit mit scharfen Zähnen und Krallen einiger Tiere erkennen.

Rammböcke wurden an einem Gestell schwingend aufgehängt, damit sie maximale Kraft entfalten konnten

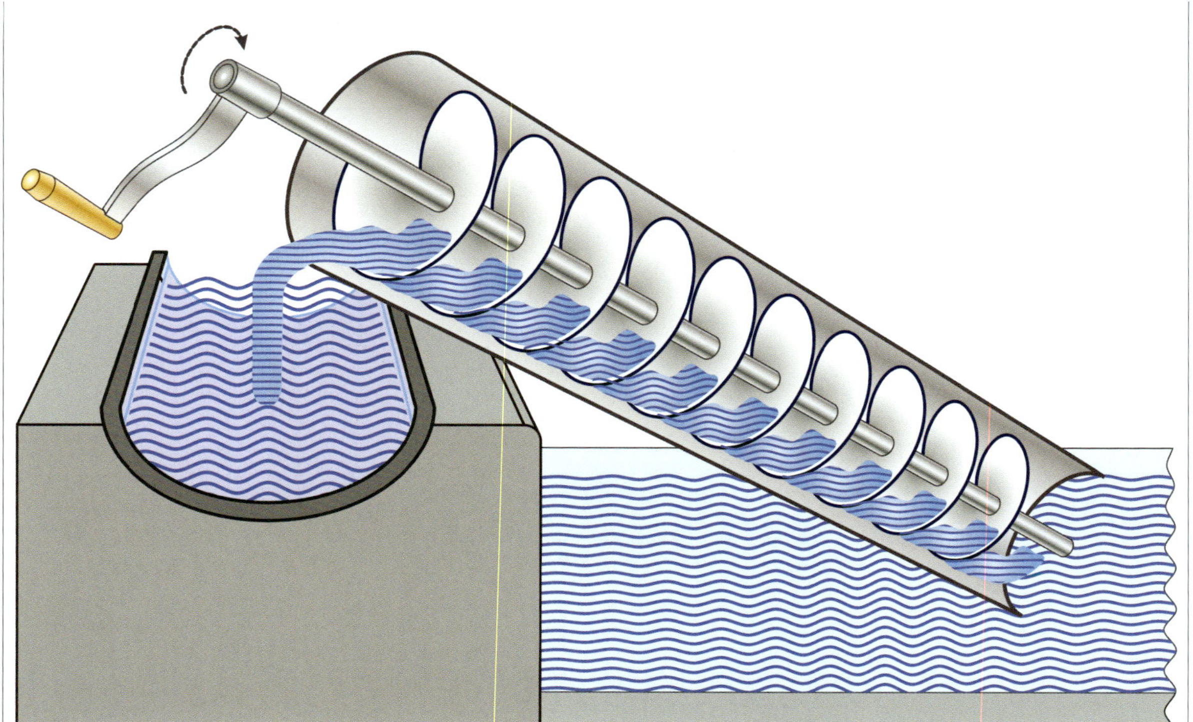

Die Archimedische Schraube nach dem Vorbild eines Schneckengehäuses kann Wasser nach oben transportieren

Archimedes überlegte, wie das Problem zu lösen war, und fand Anregungen bei der Spirale im inneren Teil eines Schneckengehäuses. Nach diesem Vorbild entwickelte er eine „Wasserschnecke“. Diese Endlosschraube wurde später als „Archimedische Schraube“ bezeichnet. Das technische Problem war gelöst.

Und damit sind wir mitten im Thema dieses Buchs, denn: Wenn der Mensch Lösungen aus der Natur abschaut und für seine Technik schöpferisch umsetzt, dann sprechen wir von Bionik. Das ist ein Kunstwort aus „Biologie“ (das bedeutet: „Wissenschaft vom Leben“) und „Technik“ (das bedeutet „Kunstfertigkeit“ und „Wissenschaft“).

Stell Dir beispielsweise vor, wie es wohl war, als Forscher eine Lösung dafür finden wollten, etwas an einer Wand zu befestigen, es aber auch wieder ablösen zu können. Sicher haben sie in der Natur nach Strukturen gesucht, bei denen dieses Prinzip umgesetzt ist. Wenn Du beispielsweise Tierarten wie Saugwürmer, Schiffshalter (ein Fisch, der sich beispielsweise an Wale heftet) und Tintenfische und ihre Haftorgane betrachtest, wirst Du feststellen, dass sie alle mit Saugnäpfen „arbeiten“. Die Forscher untersuchten nun die Saugnäpfe und verstanden, wie sie funktionieren. Nun konnten sie diese Wirkung in einem technischen Produkt umsetzen, dem elastischen Gummisaugnapf. Die so entstandene technische Lösung beruht also auf dem gleichen Wirkprinzip wie die Naturlösung.

Saugnäpfe sind enorm praktisch!

„Erfinder“ des Saugnapfs waren ursprünglich Tiere wie Tintenfische

Die Firma Festo hat dieses bionische Känguru gebaut, das fast so gut hüpfen kann wie ein echtes

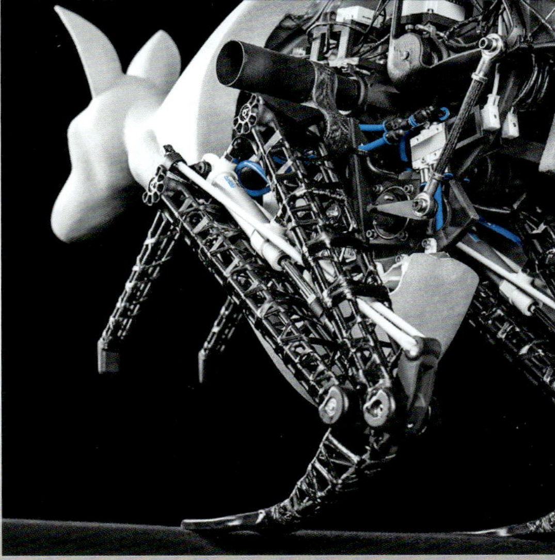
Hier siehst Du, wie komplex es konstruiert ist

Hüpfen wie ein Känguru

Wenn Kängurus springen, speichern sie die Kraft, die Energie, die beim Aufsetzen nach dem Sprung frei wird. Sie geht also nicht verloren, sondern wird für den nächsten Absprung genutzt. Das Känguru besitzt also sozusagen eingebaute Stoßdämpfer, gekoppelt mit einem Katapult. Das bionische Känguru, das Du hier siehst, ahmt die geniale Fortbewegungsstrategie seines natürlichen Vorbilds nach. Als Achillessehne, die beim Känguru-Sprung eine wichtige Rolle spielt, dient hier ein elastisches Gummiband. Es ging den Forschern natürlich nicht darum, einfach nur ein Känguru nachzubauen. Die komplexen Abläufe und die Steuerung könnten einmal verwendet werden, um nützliche Roboter zu konstruieren.
Andere Forscher haben das Prinzip der Kängurusprünge dazu genutzt, ganz besondere Sportschuhe zu entwickeln: Die Sohle ist so aufgehängt, dass sie die Bewegungsenergie des Läufers speichert und wieder freigibt. Das hilft dem Sportler, Kraft zu sparen.

Über ein spezielles Armband kann man das bionische Känguru sogar direkt steuern

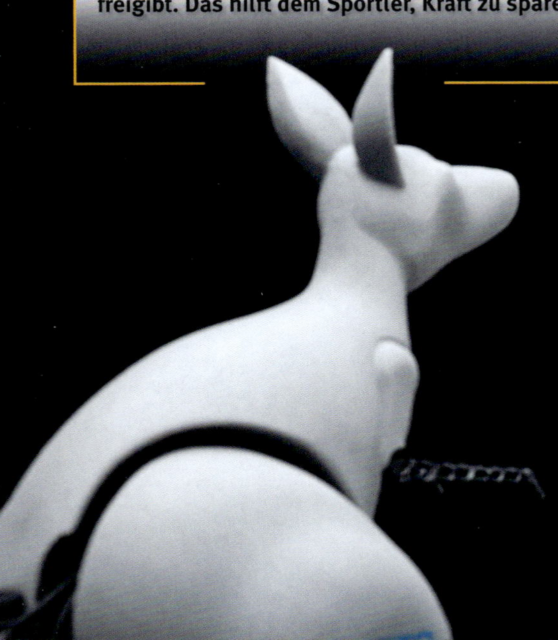

Am Anfang eines bionischen Produkts steht in aller Regel erst einmal viel Forschungsarbeit

Bionik – eine neue Wissenschaft

Bionik ist ein noch rechter junger Begriff, doch die Vorgehensweise, aus der Natur für die menschliche Technik zu lernen, gibt es, solange die Menschheit existiert. Und diese Wissenschaft wird immer wichtiger in unserer modernen Welt. Wer beispielsweise künftig Autos und Flugzeuge entwickelt, sollte sich vorher mit Lebewesen beschäftigen, die je nach den herrschenden Umgebungsbedingungen, beispielsweise der Strömungsgeschwindigkeit, ihre Gestalt ändern können. Könnte man dieses Prinzip technisch umsetzen, ließe sich Treibstoff einsparen. Oder wer künftig über die Planung eines Gewerbegebietes oder einer Fabrik nachdenkt, sollte vorher studieren, wie Stoffe in einer Zeile optimal transportiert werden. Auch die unglaublich elastische und doch reißfeste Spinnenseide interessiert Forscher brennend, und sie arbeiten daran, sie künstlich zu erzeugen.

Karge Lebensräume wie die Wüste erfordern von ihren Bewohnern besondere Anpassungen. Wenn wir genau hinschauen, können wir viel von ihnen lernen!

Wasser aus der Wüste?

Der Nebeltrinkerkäfer lebt mitten in der heißen Namib-Wüste. Um nicht zu verdursten, hat er einen genialen Trick: Er reckt seinen Körper in die kühle Morgenluft. Aus dem Morgennebel bilden sich dann Tröpfchen an der speziellen Oberfläche des Käfers und rinnen zum Mund, wo er sie trinken kann.
Forscher arbeiten derzeit daran, diese Oberfläche nachzubauen. Gelingt dies, könnte man beispielsweise eine Flasche innen damit beschichten. Auf diese Weise könnte man jede Stunde bis zu drei Liter Wasser gewinnen.

Viele Probleme, an denen Ingenieure aus den verschiedensten Bereichen arbeiten und emsig nach Lösungen suchen, hat die biologische Evolution in Pflanzen und Tieren längst mit Erfolg gelöst. Jeder Konstrukteur, Ingenieur oder Designer sollte deshalb von vornherein die lebende Natur nach ihren Lösungen befragen, wenn es sich um die Lösung eines vergleichbaren technischen Problems handelt.

So funktioniert Bionik

Mit der bionischen Methode wird das Ziel verfolgt, Anregungen aus der Natur zu gewinnen und sie zu nutzen, um neue technische Lösungen zu entwickeln. Dazu gehen die Forscher so vor:
1. Sie legen fest, welche technische Funktion sie entwickeln möchten.
2. Dann suchen sie nach Vorbildern aus der belebten Natur, die diese Funktion verwirklichen.
3. Schließlich übertragen sie ihre Erkenntnisse auf das zu lösende technische Problem.
Manchmal läuft es aber auch andersherum ab: Ein Forscher sieht eine geniale Strategie der Natur und überlegt, wie man sie technisch nutzen könnte.

Die Natur als unser Vorbild ist in Gefahr!

Vieles, was der Mensch erfand, gab es längst in der Natur. Kein Wunder, die Natur hatte schließlich Jahrmillionen Zeit, mithilfe der Evolution wirkungsvolle „Lösungen“ zu erzeugen.

Der unscheinbare Käfer oder das Pflänzchen am Wegesrand werden so für Forscher zu „Gesprächspartnern“, bei denen sie sich optimalen Bau oder optimale Funktionen abschauen können.

Auf unserer Erde leben viele Millionen Tier- und Pflanzenarten, jedoch sind nur etwa zwei Millionen von ihnen bekannt, teilweise erforscht und beschrieben. In Deutschland sind davon knapp 45 000 Tier- sowie etwa 28 000 Pflanzenarten angesiedelt. Rund 50 Prozent der erfassten Wirbeltierarten sind jedoch gefährdet, rund ein Drittel aller Pflanzenarten ist bedroht oder ausgestorben. Dabei ist jede Art von Bedeutung. In diesem Zusammenhang sollten wir begreifen, dass der Mistkäfer genauso nützlich ist wie der Marienkäfer, die Ratte ebenso wichtig wie der Delfin und die Distel oder Brennnessel ebenso beachtenswert wie die Weinrebe.

Jedes Lebewesen an sich ist es schon wert, erhalten zu werden. Dazu kommt, dass es vielleicht einmal Vorbild für bionische Anwendungen werden könnte.

Die meisten ursprünglichen Lebensräume der Erde sind bedroht. Mit jedem Quadratkilometer zerstörter Biotope gehen auch Millionen Jahre alte Anpassungen verloren, die uns Vorbilder für Bionik hätten liefern können.

Dieser Reichtum an Tieren und Pflanzen ist jedoch durch den Menschen bedroht. Durch unsere immer größer werdenden Bedürfnisse werden die reinen, natürlichen Abläufe in der Natur tagein, tagaus stärker gestört und zerstört. Tiere und Pflanzen sind nicht nur bedroht, sondern der Ausrottung preisgegeben, wenn der Raubbau an der Natur so weitergeht wie bisher.

So weichen zum Beispiel Wiesen, Wälder und Felder mit ihrer Vielzahl von Lebewesen, die ja auch den lebensnotwendigen Sauerstoff produzieren und Humus bilden, neuen Industrie- und Wohngebieten sowie Schienen- und Straßennetzen. Diese belasten die Umwelt zusätzlich beispielsweise dadurch, dass sie große Mengen Schadstoffe abgeben. Die Atmosphäre wird mit Kohlendioxid, Staub und anderen schädlichen Stoffen angereichert, wodurch der „Treibhauseffekt“ entsteht, der letztlich die Erwärmung der Erdoberfläche bewirkt.

Dies wiederum führt zum allmählichen Abschmelzen des Eises an Nord- und Südpol und dazu, dass der Wasserstand der Weltmeere steigt.

Aggressive Gase sind schuld daran, dass die Ozonschicht, die wirksame Schutzschicht der Erde gegen die schädliche ultraviolette Strahlung, zunehmend dünner wird.

Du siehst, dass eine Ursache mehrere Wirkungen hervorruft und alles mit allem zusammenhängt und regelrecht miteinander verbunden und vernetzt ist. Wird ein Teil der Biosphäre, also der lebenden Welt, verändert oder zerstört, so wirkt sich diese Tatsache auf die gesamte Erde aus. Ein Beispiel dafür sind auch die tropischen Regenwälder, die der Brandrodung und der Holzgewinnung zum Opfer fallen. Jährlich werden über 100 000 Quadratkilometer Tropenwald und hunderte oder tausende Tier- und Pflanzenarten vernichtet.

Hier wird in Kürze nur noch eine Plantage für Nutzpflanzen stehen. Als Lebensraum für eine Vielfalt an spannenden Pflanzen- und Tierarten ist das Gebiet damit verloren.

Dabei sind die Regenwälder die artenreichsten Gebiete unserer Erde, denn hier lebt die Mehrzahl der Pflanzen, Tiere und Mikroorganismen unseres Planeten, und sie sind enorm wichtig für das Klima der ganzen Welt.

Dass wir Menschen unsere Umwelt und die Tier- und Pflanzenwelt bedrohen, ist aber noch aus einem anderen Grund schlimm: Wie Du ja nun schon gesehen hast, waren Erfindungen der Natur schon oft Ausgangspunkt dabei, ein technisches Problem erfolgreich zu lösen. Viel Aufwand bei der Entwicklung können sich Ingenieure, Konstrukteuren und Designer sparen, wenn sie die lebende Natur mit ihrem unermesslichen Reichtum an wirkungsvollen Strukturen systematisch und zielgerichtet als Ideenquelle nutzen. In den Jahrmillionen haben sich die Pflanzen und Tiere in kleinen Schritten der Evolution ja immer besser an ihre Umwelt angepasst. Sie reagierten auf die Bedingungen ihrer Umwelt und brachten Lösungen hervor, die uns heute in Staunen versetzen.

Aber nur die besten „Erfindungen“ blieben erhalten, weil sie einen Vorteil beim Überleben brachten. Es ist wie bei einem Wettrennen zwischen Hase und Igel: Wo immer der Mensch sich entschloss, den Luftraum und die Meere zu erobern, die lebende Natur war schon da, hatte lange vorher die dazu notwendigen Lebewesen geschaffen. Ohne fliegende Tiere wie Vögel wäre der Mensch wohl nicht darauf gekommen, Flugzeuge zu bauen, ohne Fische hätte er vielleicht keine Unterseeboote erfunden – auch manches andere nicht, wäre da nicht das Vorbild in der Natur.

Trauriges Artensterben

Mit jeder Art, die ausstirbt, wird auch ein Vorbild für die Bionik für immer vernichtet. Vielleicht hatte ja gerade diese ausgestorbene Wanze, dieser ausgestorbene Schwamm oder diese ausgestorbene Regenwaldpflanze in ihrem Bauplan oder in ihrer Lebensweise eine Lösung für ein wichtiges technisches oder medizinisches Problem parat!

Bei seinem Flugapparat orientierte sich Leonardo da Vinci am Flug von Vögeln und Fledermäusen

Zwei berühmte Bioniker

Leonardo da Vinci war eines der größten Genies aller Zeiten und einer der ersten Bioniker

Leonardo da Vinci

Das Universalgenie der Renaissance, Leonardo da Vinci (1452 bis 1519), nutzte die Natur als Vorbild, wenn er technische Geräte verbessern wollte. Er war erfolgreich als Künstler, Forscher, Techniker und Erfinder. Seine Genialität und Vielseitigkeit betrafen nahezu alle Gebiete, denen er sich aufmerksam zuwandte. Die Erfindungen, die ihm gelangen, waren seiner Zeit weit voraus und wiesen in die Zukunft.

Leonardo zeichnete beispielsweise Pläne für geniale Apparaturen, die jedoch zu seiner Zeit nicht gebaut werden konnten, da es damals an den technischen Möglichkeiten dazu fehlte. Interessiert beobachtete und untersuchte er den Flug von Vögeln, Fledermäusen, Insekten und Flugfrüchten. Aufmerksam sezierte, also zerteilte er diese biologischen Vorbilder, um ihren Aufbau zu studieren und zu verstehen, auf welche Weise sie fliegen können. Bereits um das Jahr 1500 entwarf er Fallschirme und andere Flugapparate nach Vorbildern aus der Natur.

Neben Schlagflügelapparaten nach dem Vorbild der Fledermausflügel zeichnete er auch einen Hubschrauber. Angeblich hatten ihn die spiralförmigen Früchte des Schneckenklees dazu inspiriert. Leonardos Flugapparat sollte sich in die Luft „hineinschrauben“, ähnlich wie eine Schraube immer tiefer in Holz eindringt. Die Schraube des Flugapparats wurde mit einer Schnur in Bewegung versetzt, sodass sie wie ein waagerecht angeordneter Propeller in die Luft ging. Hier führte also die Entdeckung des Schraubenprinzips von Flugfrüchten zu Plänen für einen Hubschrauber.

Leonardo machte sich auch Gedanken darüber, wie der Mensch vogelähnlich fliegen könnte. Er berechnete, dass die Kraft der menschlichen Arme nicht ausreichen würde, um sich wie ein Vogel durch die Luft zu bewegen. Auf dieser Erkenntnis aufbauend, erfand Leonardo technische

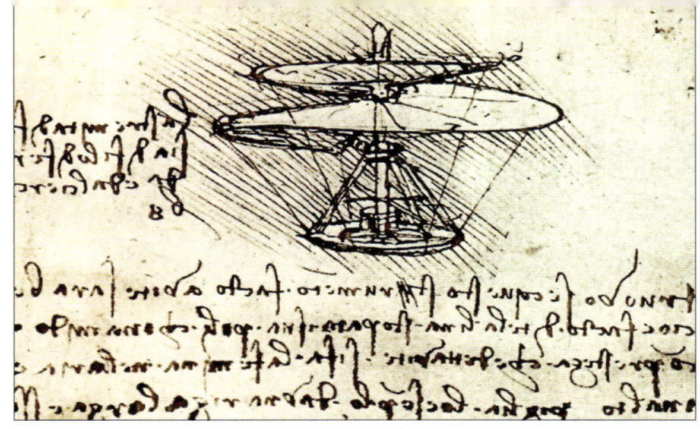

Hier siehst Du eine Skizze Leonardos für eine Art Hubschrauber

Möglicherweise hatten ihn die spiralförmigen Früchte des Schneckenklees dazu inspiriert

Mechanismen, um über die kräftigeren Beine den Antrieb zu gewährleisten. Leonardo war sich sicher, „dass die Luft, obwohl dünn und nachgiebig, doch imstande sein müsste, wenn man sie mit genügend großen Flächen entsprechend stark schlüge, etwas zu tragen, was schwerer als sie selbst ist“.

Leonardo stellte sich einen entsprechenden Flugapparat so vor: „Ein Seil krümmt den Flügel; ein anderes Seil dreht ihn mittels des Hebels; ein drittes Seil senkt ihn; ein viertes Seil hebt ihn von unten nach oben. Und der Mensch, der Lenker dieses Gerätes, hat seine Füße in Bügeln. Der Fuß senkt die Flügel, und der Fuß hebt sie.“

Genialer Denker

Leonardo sagte einmal, der menschliche Geist komme zwar auf allerlei Erfindungen, die mit verschiedenen Mitteln denselben Zweck erreichen. Er werde aber nie eine schönere, einfachere oder direktere Erfindung ersinnen als die Natur, da in ihren Erfindungen nichts fehle und nichts überflüssig sei.

In seinen Bionik-Studien entwarf Leonardo zudem nach dem Vorbild der Forelle neue, strömungsgünstige Schiffe. In ersten Ansätzen erkannte er, dass die Gestalt der Fische so beschaffen ist, dass sie mit wenig Widerstand durch das Wasser gleiten können.

Leonardo da Vinci ist noch heute für uns ein Vorbild. Sein Beispiel zeigt, was Menschen erreichen können, wenn sie ihre Kenntnisse und Fähigkeiten entwickeln und entfalten.

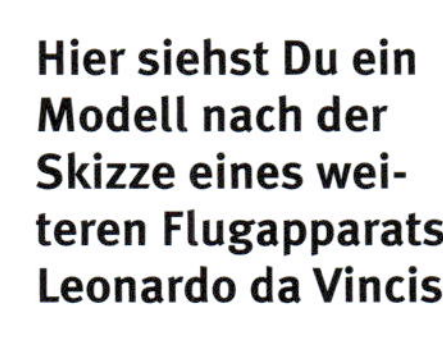

Hier siehst Du ein Modell nach der Skizze eines weiteren Flugapparats Leonardo da Vincis

Diese rollende Festung Leonardos ...

... erinnert an eine gepanzerte Landschildkröte. Sicher kein Zufall.

Auch natürliche Materialien wie dieser morsche Stamm brechen stets an bestimmten Schwachstellen. Schauen wir uns diese genau an und vor allem beobachten wir, wie die Natur sie zu vermeiden sucht. Daraus können wir lernen, stabilere technische Konstruktionen zu bauen.

Galileo Galilei

Der Astronom Galileo Galilei (1564 bis 1642) verglich Dinge aus der Natur mit menschlichen Maschinen. Dabei entdeckte er, dass es bestimmte Schwachstelle bei Maschinen gibt, an denen sie rasch brechen. Er fand nun heraus, dass es solche Probleme bei der Festigkeit auch in der Natur gibt und wie sie dort gelöst sind. Galileo erkannte, dass er der Natur viele neue Erkenntnisse abgewinnen und in die Welt der Maschinen übertragen konnte.

Heute wissen Wissenschaftler, dass sie Maschinen oder Bauwerke dort verstärken müssen, wo besonders starke Kräfte auf sie einwirken – genau so, wie das Bäume machen, damit ihre Äste nicht abbrechen.

Galileo Galilei interessierte sich für Gesetzmäßigkeiten aus der Natur

Vom Menschen hergestellte Gegenstände haben ganz bestimmte Schwachstellen, an denen sie knicken oder brechen können

Im Fall dieser Brücke kann das enorm gefährlich sein

Der Rüssel eines Elefanten ist enorm beweglich, kann sicher greifen und ist kraftvoll, aber zugleich flexibel

Von der Natur inspiriert

Wer etwas aus der Natur in die Technik übertragen möchte, sollte stets prüfen, unter welchen Bedingungen sich Lebewesen im Lauf vieler Millionen Jahren entwickelt haben. Diesen Vorgang nennt man Evolution. Bei Lebewesen geht es in der Evolution immer darum, sich ideal an die Umweltbedingungen anzupassen. Nur so können sie überleben und ihre Art erhalten.

Bei der Entwicklung von Technik müssen ganz andere Zusammenhänge und Forderungen beachtet werden. Die Bionik als Wissenschaft vom Lernen von der Natur möchte daher Mechanismen der Pflanzen und Tiere nicht einfach nur nachahmen, sondern die entdeckten Grundlagen und Wirkungen schöpferisch übertragen. Als Beispiele dafür stelle ich Dir ein paar Roboter-Greifer vor, die jeweils ganz bestimmte Aufgaben bewältigen können. Sie alle haben Vorbilder aus dem Tierreich.

Der Rüssel eines Elefanten ist von vielen Tausend Muskeln durchzogen. Sie machen ihn extrem beweglich und zugleich stark. Mit den „Fingern“ an der Spitze spürt er genau, was er vor sich hat, und kann es sehr

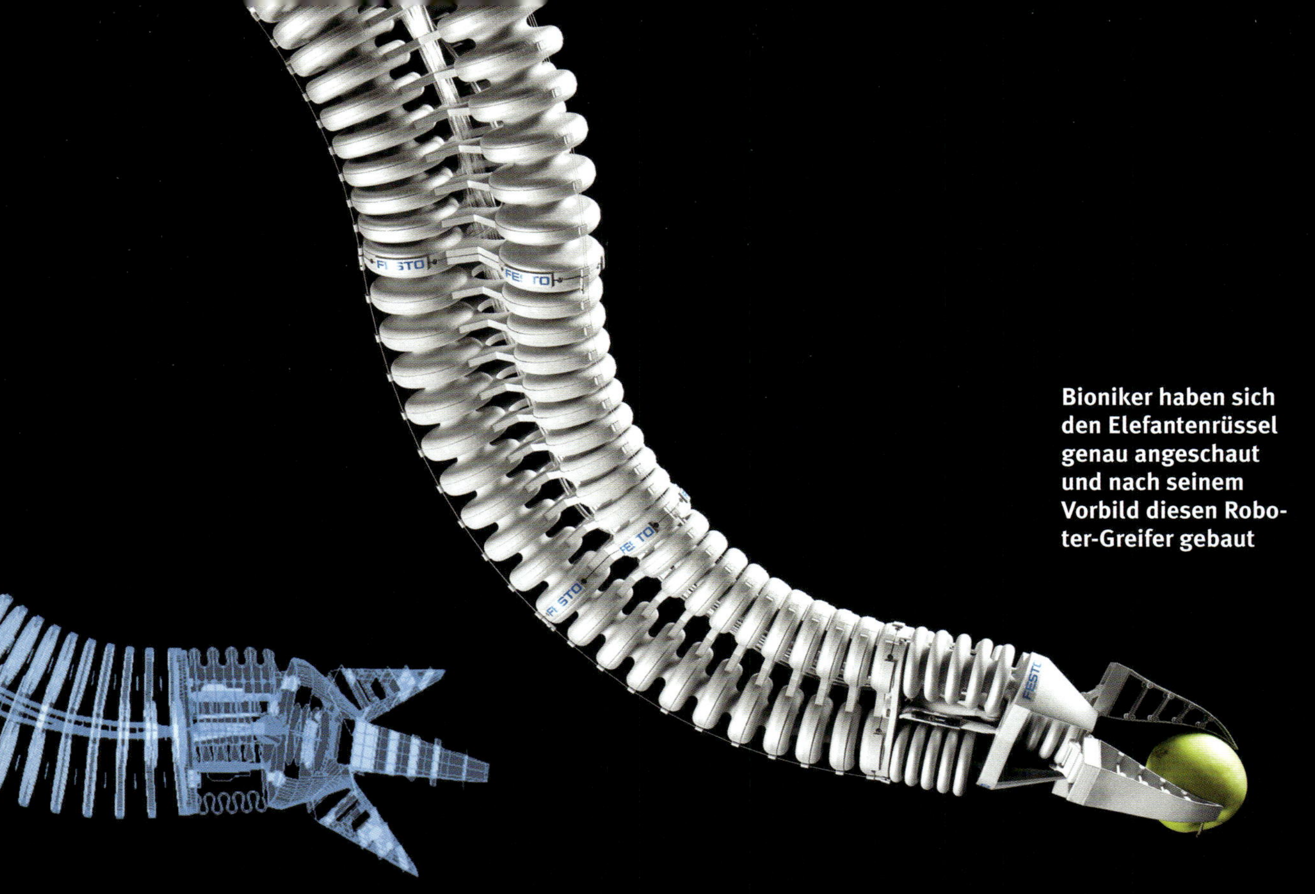

Bioniker haben sich den Elefantenrüssel genau angeschaut und nach seinem Vorbild diesen Roboter-Greifer gebaut

sanft ergreifen. Alle diese Eigenschaften sind nützlich, wenn man einen Roboter-Greifarm bauen möchte. Die Konstrukteure haben sich darum genau angesehen, wie der Elefantenrüssel aufgebaut ist und funktioniert. Nach seinem Vorbild entstand dann ein bionischer Roboter-Greifer. Er ist in alle Richtungen frei beweglich. Außerdem gibt er sofort nach, wenn er mit einem Menschen zusammenstößt – das ist sehr wichtig, damit es nicht zu Unfällen kommt.

Für andere Zwecke ist es sinnvoll, dass ein Roboter etwas sicher, aber dennoch „vorsichtig" ergreifen kann, beispielsweise zerbrechliche Dinge oder mehrere Dinge gleichzeitig mit unterschiedlichen Formen. Auch dafür fanden die Forscher ein Vorbild in der Natur: Die Zunge des Chamäleons. Das Chamäleon setzt seine Zungenspitze zum Erbeuten der Nahrung ein und kann damit unterschiedlichste Insekten schnappen. Die Zungenspitze passt sich flexibel an den jeweiligen Happen an. Hat das Chamäleon seine Beute im Visier, lässt es seine Zunge wie ein Gummiband herausschnellen. Das Insekt bleibt an ihr haften und wird wie an einer Angelschnur eingeholt.

Der FlexShapeGripper, ein weiterer Roboter-Helfer, kann wie die Chamäleonzunge zugreifen

Der FlexShapeGripper – das bedeutet in etwa „Flexibler Formengreifer“ – kann wie sein Vorbild mehrere Dinge mit unterschiedlichsten Formen zugleich greifen, sammeln und wieder abgeben. Möglich wird das durch seine wassergefüllte Spitze aus dem weichen Material Silikon. So stülpt sich die Spitze genau wie eine Chamäleonzunge über das, was der Roboter ergreifen soll. Zukünftig könnte der FlexShapeGripper überall dort eingesetzt werden, wo mehrere Gegenstände mit unterschiedlichen Formen gleichzeitig gehandhabt werden, beispielsweise Kleinteile, die in einer Fabrik benötigt werden.

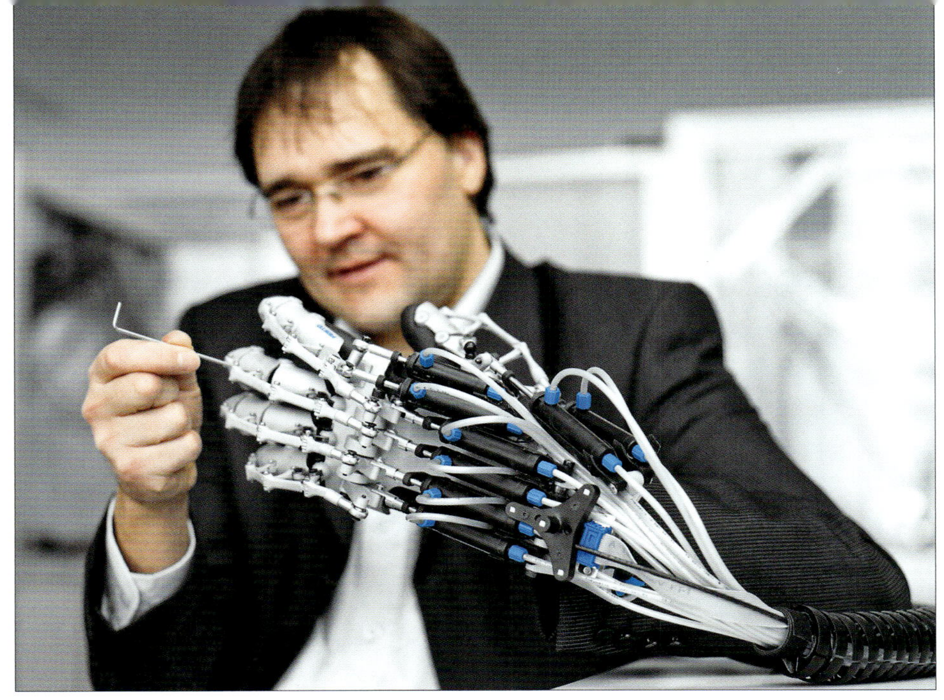

Mit der ExoHand können Arbeiter stärker zugreifen oder ihre Bewegungen auf Robotergreifer übertragen

Wieder andere Robotergreifer sollen sehr leicht gebaut sein, also mit möglichst wenig Material. Dadurch verbrauchen sie weniger Energie. Trotzdem müssen sie stabil sein, um etwas gut festhalten zu können. Dafür haben Forscher den PowerGripper entwickelt, zu Deutsch „Kraft-Greifer“. Wenn Du einen Blick auf das Foto rechts wirfst, ahnst Du schon, wer diesmal das Vorbild war. Richtig, der Vogelschnabel! Genau wie dieser ist auch der PowerGripper extrem leicht gebaut, aber dennoch sehr kräftig.

Und manchmal verschmelzen bereits Mensch und Maschine. Die ExoHand, auf Deutsch „Außen-Hand“, kann ein Arbeiter wie einen Handschuh anziehen. Die Finger sind beweglich, verstärken jedoch die Kraft der menschlichen Hand. Somit kann der Arbeiter viel fester zugreifen. Das ist aber noch nicht alles: Die Bewegungen der ExoHand lassen sich auch sofort auf Roboterhände übertragen. Das bedeutet: Der Arbeiter führt mit der ExoHand eine Bewegung aus, die Roboterhand tut genau das Gleiche. So kann der Arbeiter dem Roboter sozusagen „vormachen“, was er zu tun hat. Und der Roboter kann dann beispielsweise gefährliche Gegenstände ergreifen, während sich der Arbeiter in sicherer Entfernung befindet.

Der PowerGripper greift trotz seiner Leichtbauweise so fest zu wie ein Vogelschnabel

Entdecken und Erfinden

Entdecken bedeutet etwas zu finden, das zuvor unbekannt war, aber schon immer existiert hat. Dabei kann es sich um eine vorher unbekannte Gesetzmäßigkeit der Natur handeln. Der Flugpionier Otto Lilienthal beispielsweise entdeckte das Gesetz des dynamischen Auftriebs, das er dann für seine Flugzeuge nutzte. Erfinden dagegen bedeutet etwas zu erdenken und zu erzeugen, was es zuvor noch nicht gab. Es sind meist technische Lösungen, die neu sind und unser Leben sicherer, einfacher und angenehmer machen. Beispiel: Der Schotte James Bowman Lindsay erfand die Glühlampe, nachfolgende Erfinder verbesserten sie immer weiter.

Besonders am Rand des Blatts der Riesenseerose kannst Du die Streben erkennen, die es so stabil machen

Nach ihrem Vorbild wurde dieser Kristallpalast errichtet

Von der Riesenseerose zum Kristallpalast

Der Naturforscher Robert Schomburgk durchstreifte im Mai 1837 im Auftrag der britischen geografischen Gesellschaft das nördliche Amazonas-Tiefland in Südamerika. Damals waren diese Gebiete noch weitgehend unbekannt. Die zahlreichen Entbehrungen und die Mühen beim Durchdringen des Regenwaldes mit all seinen Gefahren hielten den Forscher nicht davon ab, zahlreiche neue Entdeckungen zu machen. So fand er unter anderem eine Riesenseerose, deren Blattdurchmesser über zwei, ja sogar bis zu drei Meter erreichte. Zu Ehren der Prinzessin Victoria gab er ihr den Namen Nymphaea victoria. Später wurde die Art in Victoria amazonica umbenannt.

Das Netz der Opuntienspinne ...

Schomburgk ahnte damals noch nicht, dass dieses Riesenblatt einmal als Vorbild für die Gestaltung einer Palastkuppel dienen würde, und zwar des Ausstellungsgebäudes der ersten Weltausstellung in London. Der englische Architekt und Gewächshausbauer Josef Paxton (1801 bis 1865) schuf dieses Weltausstellungsgebäude, dem man den Namen „Londoner

Einfach riesig!

Die enormen Blätter der Riesenseerosen können einen Menschen tragen. Ihr nach oben gebogener Rand, der an eine runde Kuchenbackform erinnert, verleiht dem dünnen Blatt ausreichende Stabilität. Wie die runde Blattfläche sind auch die Rippen und Querstege an der Blattunterseite mit zahlreichen Lufthohlräumen durchzogen. Sie geben dem großen Blatt die entsprechende Tragfähigkeit.

Kristallpalast“ gab. Er untersuchte die Riesenseerose und erkannte an der Blattunterseite das Prinzip der kreisförmig angeordneten Blattrippen. Diese dienen der Versteifung der dünnen Blattfläche, sie verleihen also Festigkeit. Indem er dieses Prinzip beim Bau der Palastkuppel anwendete, war es möglich, eine große Fläche mit relativ wenig Materialaufwand selbsttragend zu überdachen. Paxton berichtete: „Die Natur war der Ingenieur. Die Natur hat ein Blatt mit Längs- und Querträgern als Stützen hervorgebracht, die ich von ihr geliehen und in diesem Gebäude umgesetzt habe.“ Die Vorgehensweise Paxtons war durch Entdecken und Erfinden gekennzeichnet: Seiner Erfindung der neuartigen Konstruktion ging die Entdeckung voraus, dass beim Seerosenblatt die Rippen im Kreis angeordnet sind.

... war das Vorbild beim Bau des Münchener Olympiastadions

rechts: Otto Lilienthal machte den Traum vom Fliegen wahr

links: Beim Bau seiner Flugapparate orientierte er sich an Flug und Körperbau des Storchs

Ein uralter Menschheitstraum wird wahr

Den Weg, von der Natur zu lernen und sie so als Vorbild und Ideenquelle für die Technik zu nutzen, beschritt auch der Flugpionier Otto Lilienthal, der von 1848 bis 1896 lebte. Durch ihn wurde vor über hundert Jahren ein uralter Menschheitstraum wahr – sich wie ein Vogel in die Lüfte zu erheben und davonzufliegen.

Die lebende Natur, besonders der Gleitflug der Störche, war für Lilienthal anschauliches Vorbild für die Konstruktion von Gleitflugapparaten. Seine Vorgehensweise verlangte Selbstständigkeit und Kreativität, gepaart mit Ausdauer sowie Durchsetzungsvermögen und wissenschaftlicher Neugier. All diese wertvollen Eigenschaften besaß Lilienthal. Dadurch war er in der Lage, das Flugproblem zu lösen. Dabei erkannte er die Zusammenhänge zwischen Biologie, Physik (die Wissenschaft von den Naturerscheinungen) und Technik. Er schaffte es, diese Fachgebiete miteinander zu verbinden und ihnen durch Entdeckungen und Erfindungen neue Erkenntnisse hinzuzufügen.

Lilienthals Denk- und Arbeitsweise war dadurch gekennzeichnet, dass er seine Idee vom Gleitflugapparat bis zur eigenen Vermarktung führte: Er fing an, seine Flugapparate in kleinen Stückzahlen herzustellen und auch zu verkaufen. Damit dieses erste in Serie gebaute Flugzeug überhaupt leicht zu handhaben war, gestaltete er die Tragflächen faltbar. Diese

Dem Storch abgeschaut

Lilienthal erkannte, dass die Muskelkraft des Menschen nicht ausreichte, um mit einem schweren Schlagflügelapparat die Erdanziehungskraft zu überwinden. Daraufhin schaute er sich den Flügel des Storchs genauer an und fand heraus, dass dieser gewölbt ist. Außerdem stellte er fest, dass der im Luftstrom gewölbte Flügel Auftrieb erzeugt. Diese Erkenntnis setzte er über zahlreiche Experimente in seinem Gleitflugapparat um.

Auf diesem Foto siehst Du Otto Lilienthal, wie er mit seinem Gleitflugapparat durch die Luft segelt

Bauweise erleichterte Versand, Transport und Aufbewahrung und sicherte dem Flugapparat dadurch eine weite Verbreitung. Lilienthal erreichte die faltbaren Tragflächen, indem er die tragenden Rippen aus Weidenruten in zwei Knotenpunkten beweglich anordnete. Wenn man die beiden vorderen Spanndrähte löste, konnten die Flügel fächerförmig zusammengefaltet werden. Dieses Fächerprinzip existiert schon seit Jahrmillionen bei einigen Insektenflügeln, wie beispielsweise bei den Flügeln des Ohrwurmes. Ob sich Lilienthal durch dieses biologische Faltprinzip anregen ließ, ist nicht bekannt.

Heute düsen Passagierflugzeuge mit all ihrem Komfort durch die Lüfte und dienen dazu, Menschen schnell von einem Ort zum nächsten zu bringen. Doch die Natur wird sicherlich noch lange Zeit unerreichbares Vorbild für die Entwicklung von Flugzeugen bleiben, denn an die unglaublichen Flugkünste beispielsweise einer Libelle kommen wir noch längst nicht heran. Zumindest nicht im großen Maßstab, denn im Kleinen sind Forscher den Geheimnissen verschiedener Flugkünstler schon sehr weit auf die Spur gekommen, wie Dir die folgenden Beispiele zeigen werden!

Die bionische Libelle BionicOpter kommt ihrem natürlichen Vorbild schon recht nahe

Libellen sind unfassbar wendige Flieger. Von ihnen können wir uns viel abschauen!

Ultraleichte bionische Libelle

Die bionische Libelle namens BionicOpter kann wie ihr natürliches Vorbild in alle Richtungen fliegen und dabei komplizierte Manöver ausführen. Alle Flügel kann sie unabhängig voneinander bewegen, abrupt abbremsen und wenden, rasant beschleunigen und sogar rückwärts fliegen. Sie ist aus extrem leichten Materialien gefertigt und besitzt eine ausgeklügelte Steuerung.

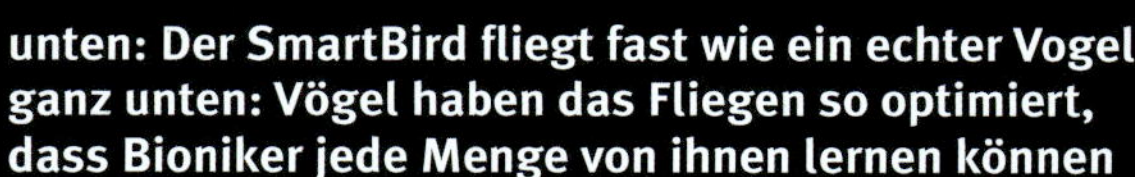

unten: Der SmartBird fliegt fast wie ein echter Vogel
ganz unten: Vögel haben das Fliegen so optimiert, dass Bioniker jede Menge von ihnen lernen können

Fliegen wie ein echter Vogel

Der Flug von Vögeln ist sehr kompliziert, denn sie bewegen ihre Flügel nicht einfach nur auf und ab, sondern verdrehen sie beispielsweise auch. Der Silbermöwe haben Forscher genau zugeschaut und dann diesen bionischen Vogel gebaut, den extrem leichten SmartBird, zu Deutsch den „geschickten Vogel". Wie sein Vorbild kann er von selbst starten, fliegen und landen. Was die Ingenieure bei der Konstruktion des SmartBird gelernt haben, können sie in Zukunft einsetzen, wenn es darum geht, mit sehr wenig Material robuste Maschinen zu bauen oder energiesparende Technik für den Antrieb zu entwickeln.

Ein bionischer Schmetterling ...

... und sein natürliches Vorbild

Wie funktioniert ein Experiment?

Das Experiment ist sozusagen eine Frage an die Natur. Es dient dazu, eine Erkenntnis zu gewinnen. Ein Experiment muss vorbereitet, durchgeführt und ausgewertet werden. Dazu gehen Forscher so vor:

1. **Ziel und Zweck des Experimentes überlegen**
2. **Vermutungen über das mögliche Ergebnis aufstellen und begründen**
3. **Plan zur Durchführung der Experimentes entwickeln**
4. **Benötigte Geräte und Materialien zusammenstellen**
5. **Aufbau der Experimentieranordnung entwerfen**
6. **Experimentieranordnung aufbauen und Experiment durchführen**
7. **Ablauf des Experimentes beobachten und Ergebnisse protokollieren, also aufschreiben**
8. **Ergebnisse auswerten, mit den vorher aufgestellten Vermutungen vergleichen und eine Erklärung für die Ergebnisse finden**

Leicht wie ein Schmetterling

Schmetterlinge sind hauchzart und dennoch erstaunlich geschickte Flieger, die teilweise sogar sehr weitere Wanderungen absolvieren. Nach ihrem Vorbild haben Forscher die eMotionButterflies entwickelt – in diesem Namen stecken die englischen Wörter emotion für Gefühl, motion für Bewegung und butterfly für Schmetterling. Die bionischen Schmetterlinge sind unglaublich leicht und besitzen doch alles, was für ihren Flug und ihre Steuerung nötig ist. Sie können alle gleichzeitig gesteuert werden, ohne zusammenzustoßen. Solche Steuerungstechniken zu erdenken, ist wichtig, um beispielsweise in Fabriken viele Roboter gleichzeitig steuern zu können.

Werde selbst zum Forscher!

Auch Du kannst ein Experiment zum Auftrieb durchführen:

1. **Schneide ein DinA4-Blatt der Länge nach durch und halte zwischen Daumen und Zeigefinger eine Hälfte mit der kurzen Seite unter Deinen Mund.**
2. **Blase kräftig über die Oberseite**
3. **Kannst Du Dir erklären, was geschieht?**

Erklärung:

Du pustest viele Luftteilchen über dem Blatt weg. Dadurch entsteht hier ein Unterdruck – so ähnlich, wie wenn Du ein Getränk durch den Strohhalm in den Mund ziehst. Der Unterdruck über dem Blatt zieht nun das Blatt nach oben.

Der eMotionButterfly ist unglaublich leicht und kann doch hervorragend fliegen und gesteuert werden

Mit der Mohnkapsel hat die Natur eine tolle „Erfindung" gemacht!

Das erste Bionik-Patent

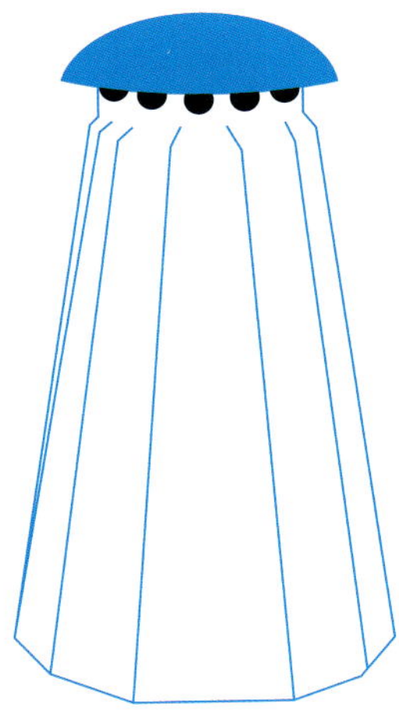

Der wie eine Mohnkapsel konstruierte Salzstreuer von Raoul H. Francé

Raoul Heinrich Francé (1874 bis 1943) war ein weiterer Pionier der Bionik. Er beschäftigte sich unter anderem damit, wie sich die Fruchtbarkeit des Bodens erhöhen lässt. Das Problem, das er lösen wollte, war, wie sich nützliche Mikroorganismen gleichmäßig ausstreuen ließen, um den Ertrag des Ackers zu steigern. Dazu experimentierte er mit Zerstäuber, Puderbüchse und Salzfässchen. Die Ergebnisse stellten ihn jedoch allesamt nicht zufrieden, da alle diese technischen Erzeugnisse nur ungleichmäßig funktionierten und so teils zu viel, teils zu wenig ausgestreut wurde.

Francé fragte sich nun: „Wie streut die Natur?" Nachdem er zunächst untersucht hatte, wie Pilz- und Moossporen durch den Wind verbreitet werden, wurde Francé schließlich bei der Mohnkapsel fündig. Unter dem Deckel der Kapsel befinden sich kreisförmig angeordnete Öffnungen. Sind die Samen im Inneren der Kapsel reif, so lösen sie sich leicht vom Fruchtstand. Ein Windstoß genügt zu ihrer Verbreitung. „Das ist mein neuer Ausstreuer!", rief Francé begeistert. Er übertrug den Aufbau der Mohnkapsel und konnte so einen Ausstreuer entwickeln, der gleichmäßig funktioniert. Dies war übrigens die erste bionische Erfindung, auf die jemand ein Patent erhielt. Was das ist, erklärt Dir die schlaue Eule Xabi.

Erfindungen schützen

Wer eine Erfindung gemacht hat, kann dies bei einer speziellen Behörde registrieren lassen. Man sagt: eine Erfindung patentieren. Ein solches Patent schützt dann davor, dass jemand anders die Erfindung ohne Berechtigung nachahmt, baut und verkauft. Der Patentinhaber kann anderen Personen die Nutzung erlauben oder untersagen.

Die Erfindung des Klettverschlusses

Spätsommer 1941: Der Schweizer Ingenieur George de Mestral durchstreift auf einem Spaziergang nahe bei seinem Haus die Wiesen. An diesem sonnigen Nachmittag ahnt er noch nicht, dass er zehn Jahre später der Patentinhaber eines völlig neuen Verschlusssystems sein wird, das Dir aber ganz sicher gut bekannt ist: der Klettverschluss. Anfangs ärgerte er sich darüber, dass er seinen Hund dauernd von lästigen Kletten befreien musste, die in dessen langen Fellhaaren hängen blieben. Die Neugier dieses Entdeckers und Erfinders führte dann aber dazu, dass er die Kletten unter dem Mikroskop untersuchte.

Verblüfft stellte er fest, dass die Stacheln an ihren Enden wie Häkchen geformt sind. Sie brachen auch dann nicht ab, wenn er sie aus dem Fell des Hundes abstreifte. Beliebig oft konnten die elastischen Häkchen ins wuschelige Haarkleid eingebracht und wieder entfernt werden. Auf diese Weise werden die Kletten mit den Samen dieser Pflanzen nämlich durch Tiere und auch den Menschen verbreitet. Einfach genial, diese Lösung der Natur, die sich „kostenloser" lebender Transportmittel zur Verbreitung ihrer Früchte bedient.

Aus dieser Entdeckung leitete de Mestral die Erfindung ab, zwei Materialien beliebig oft miteinander zu verbinden: Eine Verschlussseite bildet ein elastisches Hakenband, die andere enthält leicht abstehende Schlingen – der Klettverschluss war „geboren". Heute ist er bei Schuhen, Taschen und Kleidungsstücken, bei Zeltplanen und sogar in Raumfahrt und Medizin nicht mehr wegzudenken.

Hier erkennst Du prima die Haken der Klette

Mit ihren Haken krallt sich die Klette einfach überall fest

Der Klettverschluss arbeitet nach demselben Prinzip: viele Häkchen, die sich in Fädchen verankern

Die Bienenwabe ist eine geniale Konstruktion. Sie erfordert wenig Material, verschenkt keinen Platz und ist sehr stabil.

Hier wird das Wabenprinzip genutzt, um Weinflaschen zu lagern

„Abkupfern“ erlaubt

Die Bienenwabe ist ein vortreffliches Beispiel dafür, wie sich möglichst wenig Material optimal nutzen lässt. So kann eine extrem leichte Wabe mit der Abmessung 40 x 20 cm etwa zwei Kilogramm Honig speichern, ohne unter dieser Last zusammenzubrechen. Mit nur 50 Gramm Wachs sind die Wände der Wabenkammern nicht einmal einen zehntel Millimeter dick! Man nennt das Bauprinzip „Verbundstabilisierung“.

Die Seitenwände der Zellen bilden Sechsecke, die mit ihren Böden so verzahnt sind, dass diese enorme Tragfähigkeit erreicht werden kann. Jede Kammerwand trennt gleichzeitig wieder die nächste angrenzende Kammer.

Bei gleicher Fläche hat das Sechseck einen kleineren Umfang als Dreieck und Viereck und benötigt daher am wenigsten Baumaterial. Oder anders ausgedrückt: Durch das Sechseck wird das größtmögliche Volumen bei geringstem Wachsverbrauch erzeugt.

Somit ist die Struktur der Wabennester von Bienen die perfekte Vorlage für leichte, aber trotzdem stabile und druckfeste Konstruktionen. Eingesetzt werden entsprechend geformte Baustoffe für Flugzeugtragflächen, Flugzeugrümpfe, Wabenkernwände und -türen von Gebäuden sowie für Snowboards. Sie funktionieren hervorragend – durch ein Minimum an Material und ein Maximum an Stabilität.

Auch Bodenplatten sind oft nach dem Wabenprinzip verlegt

Papier nach Wespenart

Der Franzose René Réaumur (1683 bis 1757) beobachtete, wie Wespen aus altem Holz winzige Fasern abschaben und mit ihren Speichel vermischen, um daraus ihre Nester zu bauen. Diese Entdeckung führte ihn dazu, über die Herstellung von Papier aus Holz nachzudenken. Bis dahin war Papier aus alten Lumpen fabriziert worden.

Dürfen wir vorstellen? Die Erfinder des Papiers aus Holzfasern: Wespen!

Nester aus Papier

Wespen stellen mit ihren Mundwerkzeugen aus abgeraspeltem Holz und zerkauten Pflanzenfasern eine Art Spezialpapier her, aus dem sie ihre Waben bauen. Dieses Material ist sehr leicht, aber trotzdem stabil und auch elastisch, also dehnbar. Es kann sogar Wärme speichern und wieder abgeben. Außerdem ist es wasserabweisend, wird also nicht so schnell nass. Auf der Suche nach stabilen und Material sparenden Leichtbaustoffen, die schnell biologisch abbaubar sind, könnten Ingenieure hier fündig werden.

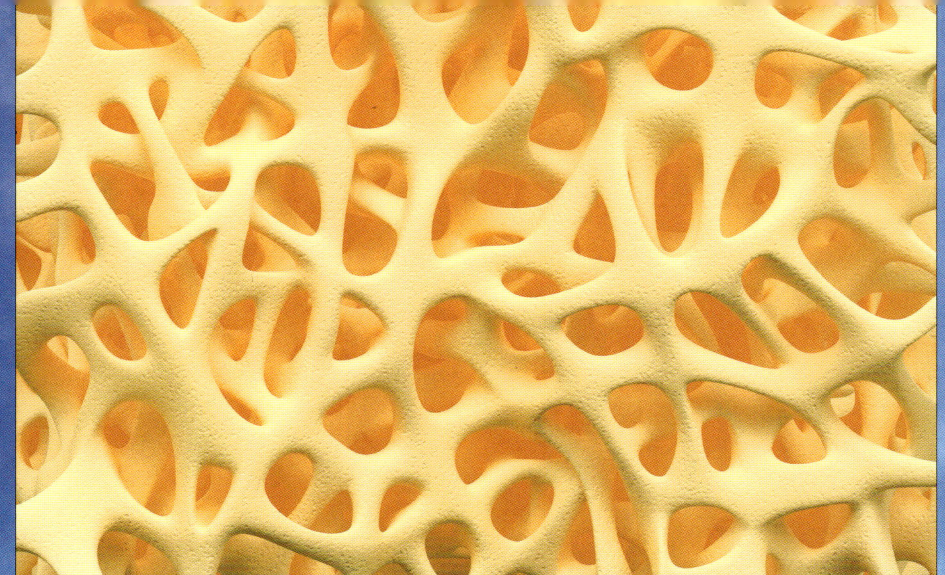

Knochen sind nicht massiv, sondern bestehen im Inneren aus unzähligen Verstrebungen

Knochen – ein fantastisches Konstruktionsprinzip

Die Struktur von Knochen setzt gleich mehrere Prinzipien um, die für einen leichten, aber stabilen Bau nötig sind. Ein Profil weist eine ganz bestimmte Formgebung auf, mit der Material eingespart werden kann.

Ebenso wie Waben, Deckflügel von Käfern oder Wände von Grashalmen erreichen auch Knochen ihre Festigkeit durch Verbundstabilisierung. Bei diesem Prinzip sind zwei dünne Deckschichten durch eine dazwischen liegende dicke, poröse, schwammartige Schicht miteinander verbunden. Dadurch wird weitgehend verhindert, dass die Konstruktion knickt oder gar bricht. So kann bei wenig Materialverbrauch hohe Stabilität erreicht werden.

Knochen als Vorbild

Manche Menschen haben aufgrund eines Unfalls oder einer Krankheit Teile des Kiefers verloren. Dann muss ein Implantat her, also ein künstlicher Knochen. Damit das Implantat sehr fest und doch leicht ist, orientieren sich die Forscher an seinem natürlichen Vorbild: Bei der Anfertigung sorgt ein Computerprogramm dafür, dass die Randschicht massiv und dicht wird, während das Innere aus einer schwammartigen und dadurch leichten, aber gleichzeig sehr steifen Konstruktion besteht. Das gleiche Prinzip wenden die Forscher auch an, um Leichtbaumaterialien für Autos, Flugzeuge oder Industrieanlagen zu bauen.

Der Konstrukteur des berühmten Eiffelturms in Paris nutzte Streben, die wie in einem Knochen die Belastungen ideal abfangen

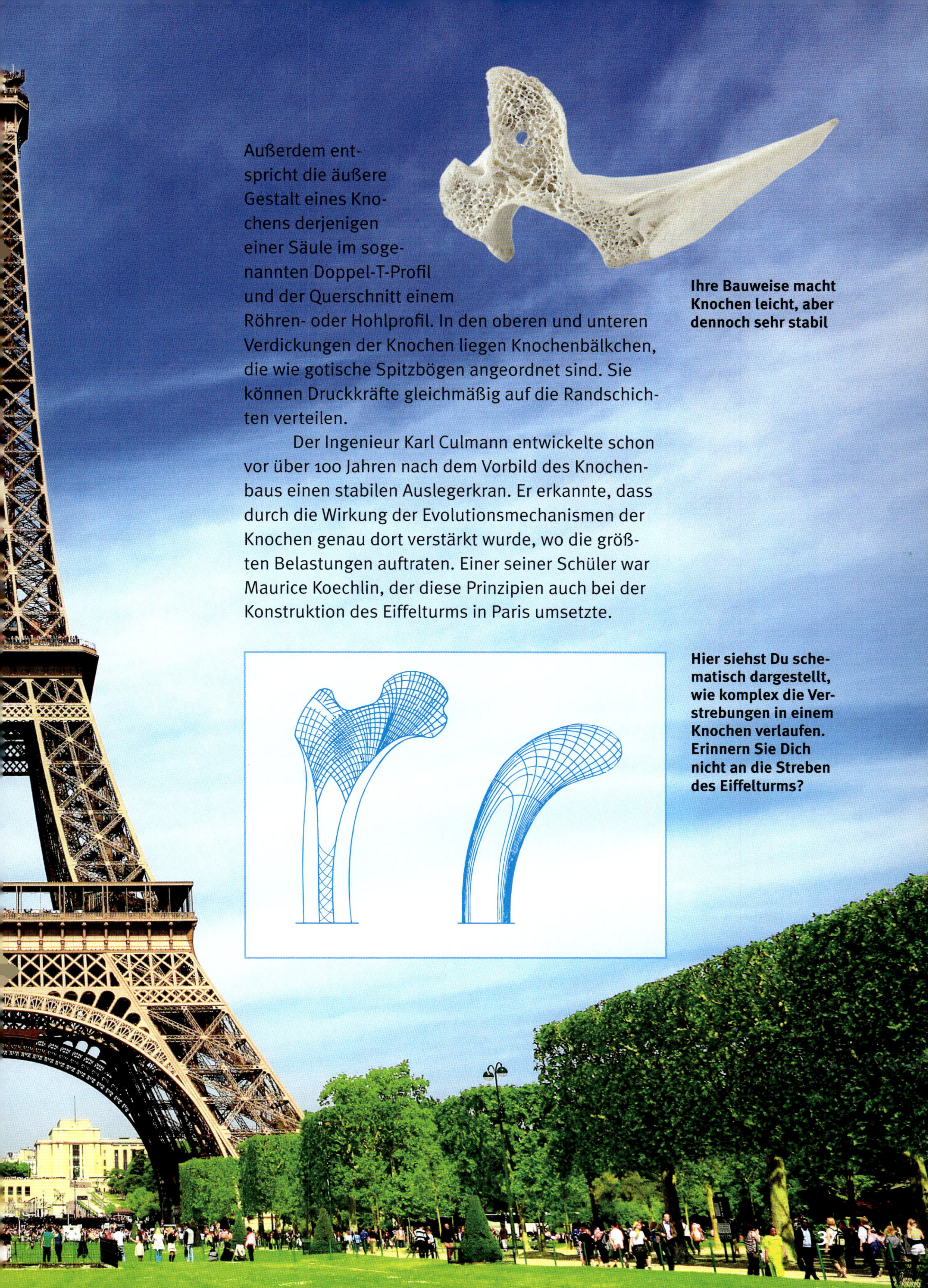

Außerdem entspricht die äußere Gestalt eines Knochens derjenigen einer Säule im sogenannten Doppel-T-Profil und der Querschnitt einem Röhren- oder Hohlprofil. In den oberen und unteren Verdickungen der Knochen liegen Knochenbälkchen, die wie gotische Spitzbögen angeordnet sind. Sie können Druckkräfte gleichmäßig auf die Randschichten verteilen.

Der Ingenieur Karl Culmann entwickelte schon vor über 100 Jahren nach dem Vorbild des Knochenbaus einen stabilen Auslegerkran. Er erkannte, dass durch die Wirkung der Evolutionsmechanismen der Knochen genau dort verstärkt wurde, wo die größten Belastungen auftraten. Einer seiner Schüler war Maurice Koechlin, der diese Prinzipien auch bei der Konstruktion des Eiffelturms in Paris umsetzte.

Ihre Bauweise macht Knochen leicht, aber dennoch sehr stabil

Hier siehst Du schematisch dargestellt, wie komplex die Verstrebungen in einem Knochen verlaufen. Erinnern Sie Dich nicht an die Streben des Eiffelturms?

Pflanzenhalme sind innen hohl und daher sehr leicht

Halme als Leichtbaukonstruktionen

Grashalme und Stängel von Pflanzen stehen aufrecht. Sobald aber der Wind weht, werden sie gebogen. Auf der Windseite werden Halme und Stängel dabei gedehnt, auf der windabgewandten Seite dagegen gestaucht. Die beiden wirkenden Kräfte nennt man Zug und Druck. Wenn Du Dich auf das Fahrrad setzt, wird der Rahmen durch das Körpergewicht auf Biegung beansprucht, Du erzeugst dann also Druck. Halme, Stängel und Fahrradrahmen widerstehen aufgrund ihres ähnlichen Aufbaus diesen Beanspruchungen bis zu einer gewissen Höchstbelastung.

Der Grundaufbau von Pflanzenstängel und Fahrradrahmen, das Rohr oder das sogenannte Hohlprofil, ist gegenüber Biegekräften widerstandsfähiger als ein massiver Stab aus der gleichen Menge Material. Damit Halme und Stängel bei starker Belastung nicht brechen, sind sie zudem an den Stellen mit der höchsten Belastung verstärkt. Das meiste Material ist daher im Außenbereich untergebracht.

Beispielsweise besteht ein Roggenhalm mit etwa drei bis vier Millimetern Durchmesser aus einer Außenröhre und einer Innenröhre, die eine Verbundkonstruktion bilden. Beide Röhren bilden eine Wand, die eine Dicke von etwa 0,4 Millimeter hat.

Die beiden dünnen, aber festen Röhren haben eine Wandstärke von nur 0,05 Millimeter. So bildet der Halm ein schlankes, leichtes, doppelwandiges Rohr von enormer Biegefestigkeit. Raffiniert sind auch die Wachstumsknoten des Halms aufgebaut: Durch ihr einseitiges Wachstum richten sich Halme, die durch einen Unwetterregen zu Boden gedrückt wurden, wieder auf. Das geschieht, indem durch Wachstum die Knotenunterseite verlängert, die Knotenoberseite dagegen verkürzt wird.

Gleichzeitig sind Pflanzenhalme stabil, aber auch flexibel. Daher brechen sie nicht, wenn ein Windstoß über sie fegt.

Zug, Druck und Biegung

1. Zug: Stab wird länger und dünner
2. Druck: Stab wird kürzer und dicker
3. Biegung: Stab wird auf Oberseite länger und auf Unterseite kürzer.

Die Rohre Deines Fahrrads sind gebaut wie ein Pflanzenhalm. Wären sie massiv, wäre Dein Fahrrad viel zu schwer!

In diesem Mikroskopschnitt durch einen jungen Pflanzenhalm siehst Du zwei ineinander liegende „Rohre". Für zusätzliche Stabilität sorgt, dass das äußere „Rohr" nicht glatt, sondern gewellt ist.

Großflächige Pflanzenblätter werden durch solche Falten sehr stabil

Falten machen stabil

Natur und Technik sind voller Faltkonstruktionen. Obwohl hier wenig Material verbraucht ist, sind solche Konstruktionen extrem stabil. Das hast Du sicherlich schon einmal bei Palmen gesehen. Sie haben oft riesige Blätter, die gewaltigen Windbelastungen ausgesetzt sind. Ein so enormes Palmenblatt wird von einem relativ dünnen Stil getragen. Damit dieser auch bei starkem Wind und heftigen Regengüssen nicht so einfach knickt, haben viele Palmen eine ausgeklügelte Konstruktion „erfunden“: das Faltprinzip. Hierbei wird die nötige Dicke ohne allzu großen Materialaufwand erreicht.

So stabil kann Papier sein!

Wie kannst Du mit dem Faltprinzip verhindern, dass ein Papierblatt durchgebogen wird?

1. **Lege ein Blatt Papier jeweils mit dem Rand auf zwei Bücher.**
2. **Beobachte und erkläre die Erscheinung!**
3. **Falte das Papier nun so in Längsrichtung, dass drei Falten entstehen, und lege es erneut zwischen die Bücher**
4. **Beobachte und erkläre die Erscheinung!**

Finde nun heraus, das Wievielfache das gefaltete Papierblatt gegenüber einem ungefalteten Blatt tragen kann.

5. **Wiege das gefaltete Blatt mit einer Briefwaage, ermittle also sein Eigengewicht**
6. **Belaste es danach in der Mitte mit Gewichtstücken. Dafür kannst Du Holzleisten verwenden. Auch ein Becher, der langsam mit Sand gefüllt wird, eignet sich für den Belastungstest.**
7. **Jetzt kannst Du die höchste Tragfähigkeit ermitteln. Diese ist erreicht, wenn sich die Falten auseinander ziehen, sodass die Konstruktion letztlich einknickt und bricht.**
8. **Wiege nun das Material, das Dein Blatt noch getragen hat.**
9. **Rechne aus, in welchem Verhältnis das Gewicht des Materials zu dem des Papiers steht.**

Ein geschickt gefaltetes Blatt kann sogar als Tüte für Essen dienen

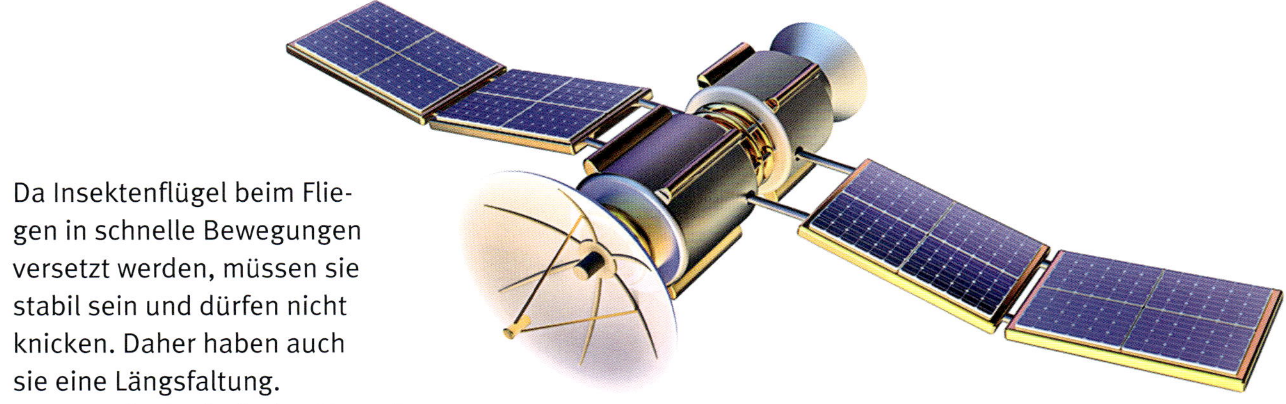

Da Insektenflügel beim Fliegen in schnelle Bewegungen versetzt werden, müssen sie stabil sein und dürfen nicht knicken. Daher haben auch sie eine Längsfaltung.

In der Technik des Menschen ist das Faltprinzip ebenfalls wichtig, um leichte, aber dennoch feste Materialien zu bauen. Diese Leichtbauweise ist bei Dachkonstruktionen, Falttüren und -wänden und Solarsegeln für Weltraumstationen zu finden. Neuerdings beschäftigen sich Ingenieure und Designer damit, Falttechniken wie das Origami für industrielle Technik umzusetzen.

Für den Bau von Flugzeugrümpfen werden als Füllung sogenannte Faltkerne getestet. Diese haben eine ähnliche Funktion wie die Zwischenschicht bei der Verbundstabilisierung. Das gefaltete Material ist überall gleich dick. Es entstehen keine Schwachstellen, an denen bei Belastung Knicke auftreten könnten.

Die Sonnensegel dieses Satelliten waren platzsparend eingefaltet. Jetzt im Weltraum sind sie voll entfaltet.

Alles nur gefaltet!

Origami ist die Kunst des Papierfaltens und kommt aus Japan. Dabei bedeutet „ori“ falten und „kami“ Papier. In der Regel wird bei Origami auf Klebstoff und Schere verzichtet. Meist werden quadratische Papierblätter verwendet.

Falten machen auch diesen Fächer so stabil, dass sich die junge Dame damit reichlich Luft zuwedeln kann

Fledermäuse geben Ultraschall-Laute von sich. Werden sie zurückgeworfen, weiß das Tier, ob es beispielsweise eine Beute vor sich hat.

Bionik für das Militär

Schon früh interessierte sich das Militär für Bionik, besonders während des Zweiten Weltkrieges in Deutschland und England. So entwickelte die englische Marineforschung nach dem Vorbild der Ultraschallorientierung der Fledermäuse ein wirkungsvolles Echolot. Dabei werden Wellen abgesendet und beispielsweise von feindlichen U-Booten zurückgeworfen, die auf diese Weise entdeckt werden können. England war dadurch in der Lage, schon früh einen beträchtlichen Teil der deutschen Unterseebootflotte aufzuspüren und zu versenken.

In Deutschland setzte die Wehrmacht auf Infrarotdetektoren, die warme Gegenstände oder Lebeweisen anzeigen. Auch in der Natur gibt es so etwas, nämlich das Grubenorgan von Grubenottern, beispielsweise

Ganz ähnlich funktioniert das Echolot der U-Boote

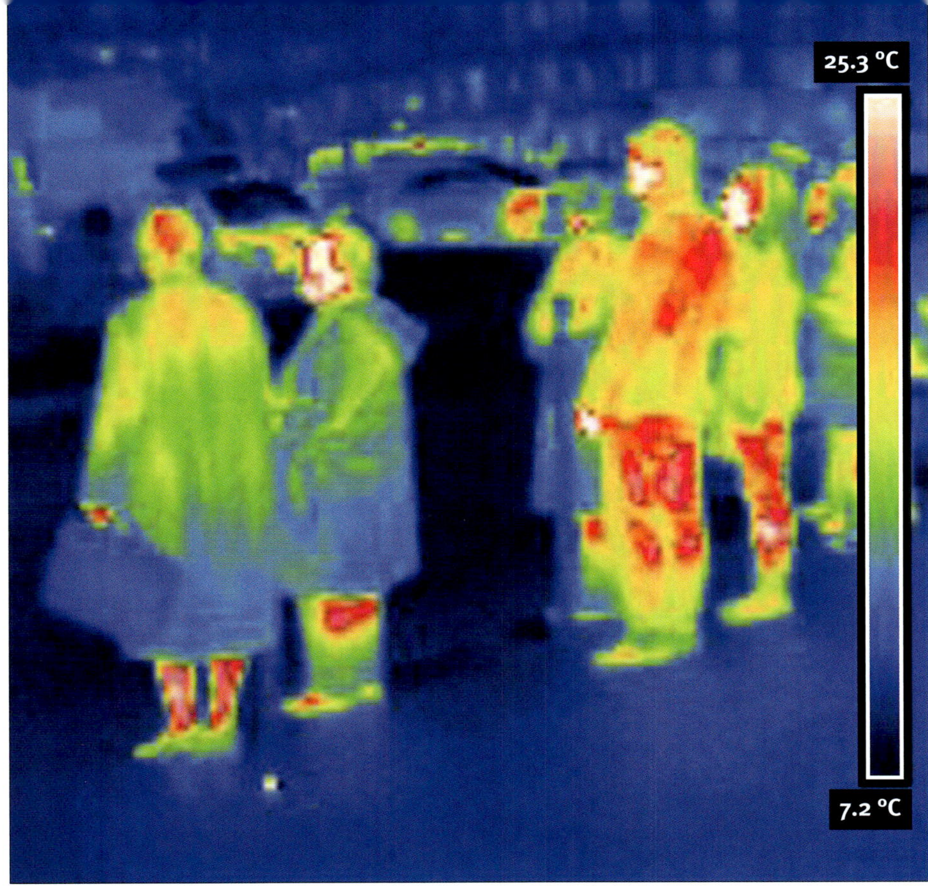

Wärmebildkameras können warme Gegenstände oder Körper selbst in finsterer Nacht sichtbar machen

Klapperschlangen. Auch heute noch werden Wärmebildkameras, mit denen man selbst in finsterster Nacht Menschen aufspüren kann, von der Polizei und dem Militär eingesetzt.

Wie jede Forschung kann auch die Bionik für kriegerische Zwecke missbraucht werden. Es liegt daher in der Verantwortung jedes Wissenschaftlers, seine Forschungsergebnisse zum Wohl der Menschen einzusetzen.

Grubenottern „sehen" Wärme

Mit ihrem Grubenorgan können Grubenottern wie beispielsweise Klapperschlangen die Wärmestrahlung von Beutetieren bemerken. Sie sehen so zusagen ein Wärmebild. Zwischen Nasenöffnungen und Augen befinden sich die Grubenorgane, kleine Vertiefungen. Das Innere des Grubenorgans ist mit einer Membran überzogen. Auf einem Quadratzentimeter dieser Membran sind etwa 150 000 Sinneszellen untergebracht. Beim Menschen dagegen sind es auf der gleichen Fläche Haut nur etwa zwei Sinneszellen. Mit ihrem Grubenorgan können die Schlangen „Erwärmungen" selbst von nur unglaublichen drei Tausendsteln eines Grades Celsius wahrnehmen! Diese Temperatur verursacht beispielsweise eine Maus in 15 Zentimetern Entfernung.

Superkleber nach Naturvorbildern

Dieser Gecko läuft mühelos an der glatten Wand entlang

Vor Kurzem entwickelten Bioniker einen wahrhaftigen Superkleber mit ganz besonderen Eigenschaften. Er ist extrem haftfest und funktioniert auch unter Wasser. Entwickelt wurde nach zwei biologischen Vorbildern: Geckofüßen und Muscheln.

Geckofüße haften nahezu überall, an Betonwänden, Glasscheiben und sogar an Zimmerdecken. Mit ihren besonders gestalteten Füßen gelangen diese Echsen schnell und sicher zu ihrer Beute, vor allem Insekten, ohne dabei abzurutschen.

Um hinter das Geheimnis zu kommen, wie Geckos sogar kopfüber an Decken laufen können, müssen wir die Unterseiten der Zehen genauer untersuchen. Dabei erkennen wir sehr viele Lamellen, ähnlich wie bei einer Sohle mancher Turn- und Wanderschuhe. Betrachten wir nun dieses Profil mit einem hoch auflösenden Mikroskop, sehen wir, dass sie aus Unmengen Härchen bestehen. Diese sind zehnmal dünner als ein menschliches Haar. Dennoch verzweigt sich jedes dieser Härchen an den Spitzen in etwa tausend extrem winziger, biegsamer Blättchen. Dadurch wird die Gesamtoberfläche der Fußsohle gewaltig vergrößert.

Die unzähligen Lamellen bringt der Gecko in Kontakt zur Oberfläche, auf der er läuft. Dabei entstehen elektrische Ladungen zwischen den Blättchen und der Oberfläche. Wie bei zwei Magneten ziehen sich positive und negative Ladungen an – und das ist dafür verantwortlich, dass die Echse so sicher haftet.

Der von den Bionikern entwickelte Superkleber ist ähnlich aufgebaut wie die Oberfläche der Geckofüße, denn er besteht aus unzähligen winzigen Säulchen.

Damit der Kleber aber auch an feuchten Oberflächen haftet, mussten die Wissenschaftler bei einem weiteren biologischen Vorbild nachschauen. Fündig wurden sie bei der Miesmuschel. Sie kann sich mittels spezieller Fäden an unterschiedlich rauen Oberflächen unter Wasser fest anheften. Mit den Erkenntnissen über den Aufbau des Muschelklebers wurde dann die enorme Klebkraft des Superklebers auch für die Anwendung unter Wasser gefunden. Und das Beste: Dieser neue Klebstoff lässt sich mehr als tausend Mal ablösen und wieder anbringen, ohne seine Haftfestigkeit zu verlieren.

Seine ultrafein behaarten Lamellenfüße geben dem Gecko so festen Halt

Muschelseide funktioniert auch unter Wasser. Damit können sich Muscheln an Gegenständen festheften.

Der Wulstbug ahmt die strömungsgünstige Delfinschnauze nach und spart Energie

Von Fischen und Meeressäugern lernen

Fische und Meeressäuger sind strömungsgünstiger geformt als Autos und Flugzeuge. Das bedeutet, dass sie beim pfeilschnellen Schwimmen mit wenig Strömungswiderstand zu kämpfen haben. Das Wasser fließt gleichmäßig vom Kopf zur Körpermitte und von da aus zur dünnen Flosse, wo es mit großer Kraft wieder zusammengedrängt wird.

Die spindelförmigen Körper der Fische, Knorpelfische, Delfine, Wale, Robben und Pinguine stellen wirkungsvolle, strömungsgünstige Formen dar. Bei ihnen bleibt die Strömung auch bei relativ hohen Geschwindigkeiten noch wirbelfrei.

Auch die Tropfenform ist strömungsgünstig. Sie ist vorn abgerundet, relativ dick und wird in Richtung Schwanzende immer schmaler. In Experimenten wurde festgestellt, dass diese Form deutlich geringere Strömungswiderstände aufweist als herkömmliche Schiffsformen.

Mit der strömungsgünstigen Delfinschnauze als Vorbild wurde der Wulstbug von Schiffen entwickelt. Im Wasser entsteht durch diese Birnenform ein geringerer Strömungswiderstand, besonders dann, wenn sie sich unmittelbar in der Nähe der Wasseroberfläche befindet.

Der Wulstbug verursacht nämlich eine „Unterwasserwelle“, die die am Bug entstehende Oberflächenwelle weitgehend auslöscht, da sie dieser sozusagen vorauseilt. So kann der Strömungswiderstand erheblich verringert werden.

Bei weniger günstiger Körperform, die von der Spindelform abweicht, entsteht bei gleicher Geschwindigkeit eine Wirbelströmung, die zusätzlichen Energieaufwand bedeutet.

Fische besitzen optimale Anpassungen an das Schwimmen, die sich Konstrukteure gerne abschauen

Auch Pinguine sind torpedoförmig gebaut und schießen so ohne großen Widerstand durchs Wasser

Delfine erreichen Geschwindigkeiten von bis zu 65 Kilometern pro Stunde. Wenn man alleine ihre Muskelkraft und ihre Körperform betrachtet, müssten sie aber eigentlich langsamer schwimmen. Neben der Körperform haben Delfine jedoch noch einen anderen Trick auf Lager, um den Strömungswiderstand zu verringern. Das Geheimnis liegt im Aufbau ihrer Haut. Unter der äußeren, dünnen Oberhaut des Delfins befindet sich die sogenannte Dämpfungsschicht. Sie ist elastisch verformbar und von Kanälen durchzogen, in denen Lymphflüssigkeit zirkuliert. Darunter folgt die starke Lederhaut aus elastischem Gewebe.

Der „Delfintrick" besteht nun darin, dass die elastischen Eigenschaften der Haut ein wirbelfreies Umströmen des Körpers gestatten, während sonst Verwirbelungen auftreten würden. So können Delfine viermal so schnell schwimmen, als nach den Gesetzen des Strömungswiderstands eigentlich „erlaubt" ist. Man nennt diese Erscheinung Gray'sches Paradoxon, weil der englische Forscher Gray sie entdeckte. Ein Paradoxon ist etwas, was sich eigentlich widerspricht, was also unmöglich ist.

Der deutsche Ingenieur Max Kramer führte Anfang der 1950er-Jahre in den USA Untersuchungen an Delfinhaut durch. Nach dem Vorbild der Natur entwickelte er eine Dämpfungshaut für U-Boote aus zwei Schichten. Die als Laminoflow bezeichnete, etwa 1,5 Millimeter dicke und flexible Haut aus Kunststoff oder Leder ist aus kleinen, elastischen Stiftelementen aufgebaut. Bei einer äußeren Krafteinwirkung durch Wasser drücken sie sich wie die Delfinhaut zusammen. Dadurch und durch von ihr erzeugte Schwingungen verringert sich Strömungswiderstand spürbar.

Strömungswiderstand

Der Strömungswiderstand wird auch Wasser- oder je nachdem Luftwiderstand genannt. Er ist eine Kraft, die der Bewegungsrichtung entgegen wirkt. Diese Kraft ist abhängig von der Geschwindigkeit des bewegten Körpers, seiner Gestalt und Oberflächenbeschaffenheit.
Je schneller Eule Xabi rennt, desto höher ist der Luftwiderstand.

Flugzeuge mit Haihaut

Ein weiteres interessantes Beispiel für Bionik ist die Entwicklung der Rillenfolie. Sie wird auf Flugzeuge aufgeklebt und hilft dabei, Treibstoff zu sparen, das Kerosin. Vorbild dafür waren Haie. Diese Tiere sind dazu in der Lage, je nach Art Geschwindigkeiten von 50 bis 60 Kilometern pro Stunde zu erreichen. Das ist so schnell, wie ein Auto in der Stadt fahren darf, oder sogar noch etwas schneller. Rekordhalter sind Makohaie mit Spitzengeschwindigkeiten von 90 Kilometern pro Stunde.

Der Hai verringert den Strömungswiderstand durch seine besonders gestalteten Rillenschuppen. Haihaut fühlt sich entweder glatt oder rau an, je nachdem, in welche Richtung Du darüberstreichst. Vom Kopf zum Schwanz hin spürst Du keinen Widerstand. Doch umgekehrt, vom Schwanz zum Kopf, ist ein großer Widerstand zu fühlen. Die Rauheit der Oberfläche ist ganz deutlich – das fühlt sich wie Schmirgelpapier an!

Tatsächlich wurde in früherer Zeit aus Haihaut Schmirgelpapier hergestellt. Ist nämlich die Haut getrocknet, hat sie eine hohe Festigkeit. Aber zurück zu den Schuppen. Sie besitzen winzige, scharfkantige Gräben. Dadurch wird verhindert, dass Querströmungen an der Körperoberfläche entstehen und Wirbel bilden können. Dies würde beim Schwimmen viel Energie kosten. Die Schuppen ermöglichen somit ein geordnetes, wirbelfreies Fließen des Wassers um den Körper.

Eine spezielle Haihaut-Folie auf Flugzeugen hilft dabei, Kraftstoff zu sparen

Eine Folie, die diese Haischuppen nachahmt, wurde auf den Airbus A 340 an bestimmten Stellen aufgeklebt, an denen sich verstärkt Luftwirbel bilden. Diese erhöhen den Luftwiderstand. Ein hoher Luftwiderstand bedeutet in diesem Zusammenhang auch einen höheren Treibstoffverbrauch. Mit der Folie könnten pro Jahr und Flugzeug tausende Liter Kerosin eingespart werden, und die Umweltbelastung würde sinken.

Aber leider hat diese Bionik-Lösung Nachteile, weshalb sie zurzeit noch keine breite Anwendung bei Flugzeugen findet. Zum einen ist der Aufwand ziemlich hoch, die Folie herzustellen und aufzubringen. Zum anderen verschmutzen und vereisen die Rillen, wodurch der Wartungsaufwand erheblich steigt.

Hier siehst Du die Schuppen eines Hais in einer Mikroskopaufnahme

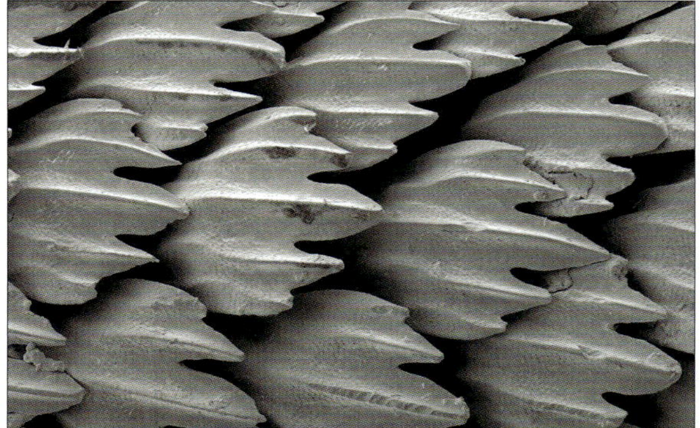

Ihre perfekt gebaute Haut ermöglicht es Haien, mit geringem Kraftaufwand zu schwimmen

Diese Dose ließ sich leicht öffnen, weil sie eine eingebaute „Reißnaht“ aufweist

Das Vorbild aus der Natur und das bionische Produkt

Ein cleverer Büchsenöffner

Auch Getränkedosen werden geöffnet, indem man sie an einer Reißnaht aufdrückt, deren Vorbild in der Natur zu finden ist

Der „ideale Büchsenöffner“ mit dem Namen „Ring-Pull“, der von dem Amerikaner William Gordon erfunden wurde, ist der lebenden Natur entlehnt. Der Erfinder wunderte sich darüber, dass in der Natur ansonsten fest geschlossene Schalen sich leicht öffnen, wenn die darin befindlichen Früchte reif sind. Daraufhin untersuchte Gordon beispielsweise Kastanienschalen, Eier von Blattwanzen und Bananenschalen. Er entdeckte, dass sie „eingebaute“ Reißnähte aufweisen. Nach diesem Vorbild entwickelte er den im Dosendeckel vorhandenen Ring-Pull-Öffner, der jeden Büchsenöffner überflüssig macht.

Kaltlichtlampen der Natur

Der sparsame Umgang mit elektrischer Energie geht uns alle an. Deshalb überlegt man, wie sie auch zu Hause eingespart werden kann, zum Beispiel bei der Beleuchtung. Gerade Lampen, bei denen ein Draht zum Glühen gebracht wird, der dann Licht abstrahlt, sind Energieverschwender. Eine solche Glühlampe wandelt nur etwa zehn Prozent der elektrischen Energie in Licht um. Die anderen 90 Prozent gehen als Wärme ungenutzt in die Umgebung verloren.

Unser heimisches Glühwürmchen, das eigentlich ein Käfer ist, erzeugt ebenfalls Licht. Mit ihren Leuchtsignalen locken die Weibchen in der Nacht Männchen an. Dabei wird allerdings die eingesetzte Energie fast zu hundert Prozent in Licht umgewandelt, ohne dass dabei Wärme frei wird.

Das Licht ihrer wirkungsvollen „Kaltlichtlampe" verdanken die Glühwürmchen dem Leuchtstoff Luziferin. Er wird mithilfe eines Enzyms, man nennt es Luziferase, oxidiert, also mit Sauerstoff versehen, und erzeugt dabei kaltes Licht.

Mittlerweile haben Ingenieure ebenfalls Leuchtmittel für kaltes Licht entwickelt, wenn dieses auch auf eine andere Art und Weise erzeugt wird.

Mit ihrem Leuchten verständigen sich Glühwürmchen untereinander

Der Clou: Das Licht der Glühwürmchen ist kalt!

Kaltlichtlampen sind beispielsweise beim Mikroskopieren unentbehrlich. Heiße Lichtquellen würden das Präparat zerstören.

Vom Lotusblatt perlen Tropfen einfach ab

Sauber, ohne zu putzen

Der Pflanzenforscher Wilhelm Barthlott wunderte sich in den 1970er-Jahren, dass Blätter beispielsweise von Kapuzinerkresse und Lotuspflanze nicht verschmutzen. Er untersuchte sie mit dem Rasterelektronenmikroskop und entdeckte dabei, wie dieser Effekt zustande kommt: Die Oberfläche der Blätter ist von winzigen Noppen übersät, die mit einem Wasser abweisenden Wachs überzogen sind. Wasser, das auf diese genoppte Oberfläche trifft, kann sie nicht nass machen, sondern es bilden sich Tropfen in Kugelform, die dann einfach vom schrägen Blatt herunterrollen und dabei Schmutzteilchen mitreißen.

Auf einer glatten Oberfläche ohne solche von Wachs überzogenen Noppen dagegen breitet sich Wasser flächenförmig aus, ohne Schmutzteilchen aufzunehmen. Im Gegenteil, hier werden sie regelrecht unter dem Wasser „begraben", also nicht weggespült.

Barthlott erkannte sofort, was er hier vor sich hatte: Eine Oberfläche, die sich sozusagen selbst putzte! Er arbeitete daraufhin an technischen Entsprechungen dieses sogenannten Selbstreinigungseffekts und ließ sie patentieren. Heute werden beispielsweise Hausfassaden, Dächer, Autos, Geschirr und vieles andere mehr mit ähnlich gestalteten Oberflächen ausgestattet, sodass sie kaum noch verschmutzen.

Experiment

Den Selbstreinigungseffekt kannst Du bei den Blättern von Kohlrabi, Kapuzinerkresse und Frauenmantel beobachten. Wenn Du aus der Gießkanne etwas Wasser darüber laufen lässt, stellst Du fest, dass es in Gestalt kleiner Kügelchen von der Oberfläche abperlt und dabei Staub einfach mitnimmt.

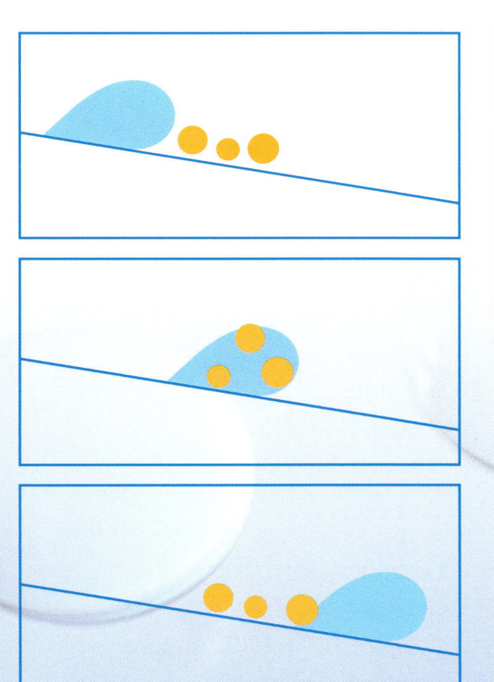

links: Wassertropfen auf normalen, glatten Oberflächen überrollen Schmutzteilchen quasi nur und lassen sie zurück

rechts: Auf der genoppten, wachsüberzogenen Oberfläche des Lotusblatts dagegen nimmt der Tropfen Schmutzteilchen auf und wäscht sie ab

Hydrophil und hydrophob

Hydrophil bedeutet „wasserfreundlich". Ein Wassertropfen breitet sich auf einer hydrophilen Oberfläche ziemlich groß aus. Hydrophob bedeutet „wasserabweisend". Ein Wassertropfen nimmt auf einer hydrophoben Oberfläche Kugelgestalt an. Beim Abrollen von der Oberfläche nimmt er Schmutz und Staub mit.

Dachziegel, die nach Lotusart beschichtet sind, bleiben immer schön sauber

Wärmedämmung nach Eisbärenart

Am Nordpol ist es grimmig kalt. Temperaturen von minus 50 Grad Celsius sind dort keine Seltenheit, können aber die dort lebenden Eisbären nicht einschüchtern. Eisbären haben zur Wärmedämmung nämlich einige Tricks parat, ohne die sie nicht überleben würden. So können sie die Haare ihres Fells stärker oder schwächer aufrichten, je nachdem, wie kalt es draußen ist. Je kälter, desto stärker richten sich die Haare auf und desto mehr warme Luft schließen sie dabei über der Haut ein. Diese Erscheinung kennst Du ähnlich auch von Vögeln. Bei Kälte plustert beispielsweise die Amsel ihr Gefieder auf. Nicht nur, dass auch bei ihr dann mehr Luft eingeschlossen werden kann, sondern je weiter die Temperaturen sinken, umso kugelförmiger wird ihre Gestalt. Die Kugel hat nämlich gegenüber anderen Körpern mit gleichem Volumen die kleinste Oberfläche. Daher strahlt sie auch weniger Wärme ab.

Die Haare des Eisbärfells leiten wärmende Sonnenstrahlen zur Haut

Trotz eisiger Kälte haben es Eisbären unter ihrem Fell kuschelig warm

Wärmedämmung nach Eisbärart

Nach dem Vorbild des Eisbärfells haben Forscher einen lichtdurchlässigen, flexiblen Wärmedämmstoff entwickelt (die Münze dient als Größenvergleich). Er kann beispielsweise für die Abdeckung von Sonnenkollektoren eingesetzt werden. Die lichtdurchlässige Oberseite unterstützt durch eine spezielle Beschichtung die Weiterleitung des Sonnenlichts. Eine dunkle, absorbierende Schicht an der Unterseite unterstützt die Wärmegewinnung.

Beim Eisbär kommt noch dazu, dass seine Haare besonders gestaltet sind: Sie können das Sonnenlicht zur Haut des Bären leiten. Da die Eisbärenhaut schwarz ist, wird hier das Sonnenlicht in Wärme umgewandelt und in der darunter liegenden Speckschicht gespeichert. Von hier aus wird die Wärme langsam an das Körperinnere abgegeben – der Bär friert trotz eisiger Kälte nicht.

Die Haut unter dem weißen Fell ist schwarz. So kann sie die Wärme der Sonnenstrahlen besser aufnehmen, die von den Haaren weitergeleitet wird.

Dieses geniale Prinzip wird transparente Wärmedämmung genannt. Nach seinem Vorbild entwickelten Biologen und Ingenieure ein Dämmmaterial für Hausfassaden. Das Dämmmaterial besteht aus vielen kleinen, eng aneinander liegenden, durchsichtigen Kunststoffröhrchen. Diese sind senkrecht auf einem schwarzen Gewebeuntergrund befestigt und oben mit einem durchsichtigen Glasputz überzogen. Da im Winter die Sonne tiefer steht als im Sommer, wird nur ein geringer Teil des Sonnenlichtes von der Hauswand reflektiert. Der größere Anteil dagegen wird eingefangen und am schwarzen Gewebe in Wärme umgewandelt.

Der Natur lässt sich unglaublich viel abschauen!

Werde auch Du zum Bioniker!

Richte Deinen Blick beispielsweise auf die Welt der Insekten, die artenreichste Gruppe unserer Erde, und siehe da: Du wirst erfahren, wie ihr Aufbau ist, wie sie sich bewegen und andere Lebensfunktionen ausführen. Vielleicht ist es dabei möglich, manches für die Technik abzuschauen und passende Antworten auf so manche interessante Frage zu finden. Wenn wir die Natur belauschen und fragen, „was kann ich von dir lernen?“, finden wir überall Lehrmeister und mit ihnen erstaunliche Vorbilder für technische Erfindungen und Entwicklungen. Jede Pflanze, jedes Tier ist imstande, Wissen zu vermitteln, vorausgesetzt Du bist bereit zu beobachten und zu untersuchen. Von Deiner Aufnahmebereitschaft und Kreativität hängt es ab, ob Du die Anregungen findest, die Du für die Lösung eines aufgestellten Problems suchst oder die Dich zu neuen Erfindungen inspirieren. Die lebendige Natur fördert so Deinen Ideenreichtum und wird dadurch zu einer Fundgrube für originelle technische Lösungen.

Wenn Du genau hinsieht und über das Gesehene nachdenkst, wirst Du sicher viele tolle „Erfindungen“ der Natur entdecken!

Ameisen arbeiten perfekt zusammen

Klug gestellte Fragen richten sich auf den speziellen Aufbau von Lebewesen, auf zahlreiche Einzelheiten ihres „Konstruktionsplanes“, auf ihre Lebensfunktionen unter bestimmten Umweltbedingungen. Solche Fragen sind zum Beispiel:

- Wie wird das vorliegende Problem, das ich lösen möchte, in der Natur gelöst?
- Welche Tiere und Pflanzen könnten dazu Anregungen und Lösungshinweise geben?

Wer also von der Natur lernen möchte, sollte genau und aufmerksam beobachten, beschreiben, modellieren und experimentieren. Dazu gibt es ganz bestimmte Methoden, die dabei helfen, geordnet und zielgerichtet vorzugehen. Sie sind wie ein Wegweiser, der das Problemlösen erleichtert. Präge Dir diese Methoden ein und wende sie an, wenn Du die Natur als Lösungsquelle verwendest.

Für die Bioniker von Festo waren sie daher ein perfektes Vorbild, um Roboter zu bauen, die kooperieren

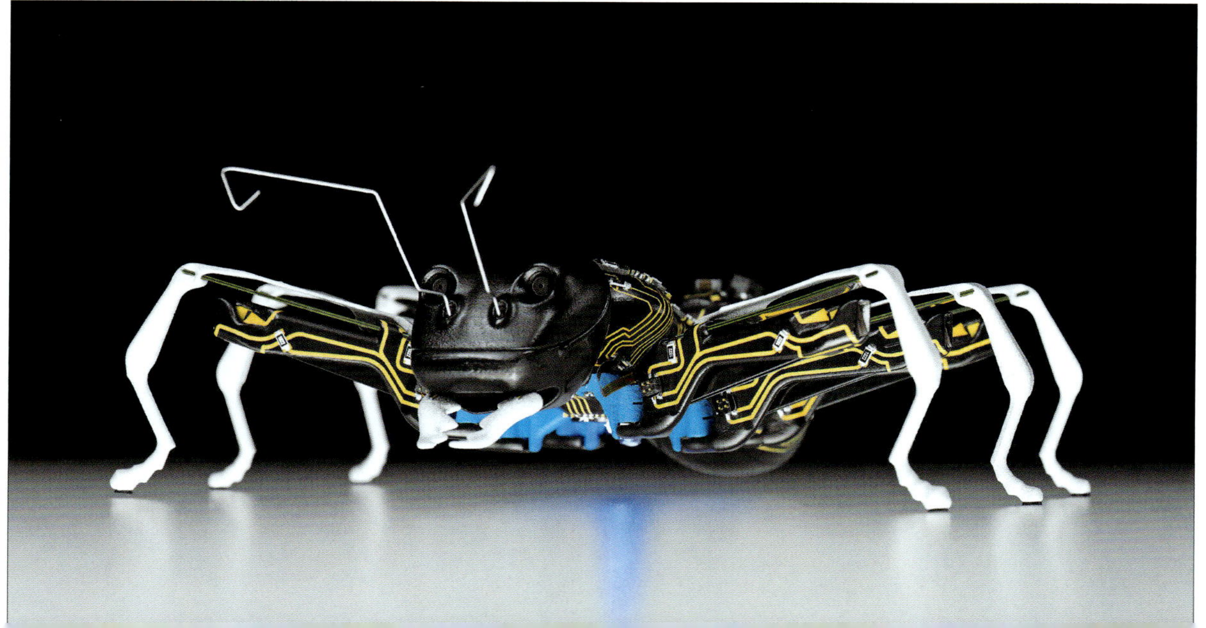

Die Beobachtung

Mit ihr kannst Du Pflanzen, Tiere und deren Lebensprozesse gezielt wahrnehmen und untersuchen. Dabei wirst Du den Aufbau biologischer Vorbilder verstehen und die Funktion ihrer Teile begreifen.

Die Beschreibung

Durch Beschreibung dessen, was Du beobachtet hast, fasst Du Deine Erkenntnisse geordnet zusammen. Die Verbindung zwischen Aufbau und Funktion wird dabei anschaulich.

Die Modellierung

Nach dem Aufbau und der Funktion des biologischen Vorbildes kannst Du nun ein Modell anfertigen, um die Zusammenhänge noch besser auszutesten und zu verstehen. Das Modell dient Dir nun als Ersatz für das biologische Vorbild. An ihm kannst Du ausgewählte und für die zu entwickelnde technische Lösung wichtige Merkmale hervorheben.

In der lebenden Natur gibt es noch ungeheuer viel zu entdecken und in die Welt der Technik zu übertragen. Öffnen wir die „Schatzkiste des Lebendigen“ und erschließen uns diesen fantastischen Reichtum an wirkungsvollen Mechanismen, reibungslosen Abläufen und die in vielen Millionen Jahren hervorgebrachten Lösungen der lebenden Natur für eine umweltfreundlichere, wirtschaftlichere und menschengerechtere Technik!

FESTO

Mit Beobachtung, Beschreibung und Modellierung lassen sich bionische Produkte entwickeln

Großes Bionik Quiz

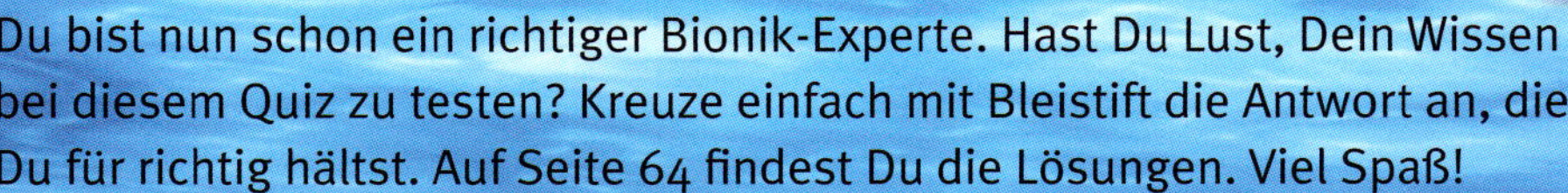

Du bist nun schon ein richtiger Bionik-Experte. Hast Du Lust, Dein Wissen bei diesem Quiz zu testen? Kreuze einfach mit Bleistift die Antwort an, die Du für richtig hältst. Auf Seite 64 findest Du die Lösungen. Viel Spaß!

1. Was ist die Archimedische Schraube?

a) eine Vorrichtung zur Bewässerung von Feldern ❍
b) ein besonderer Typ Schrauben, der bei der Arche Noah verwendet wurde ❍
c) eine Spezialschraube extra für Bionik-Produkte ❍

2. Nach welchem biologischen Vorbild zeichnete um 1500 Leonardo da Vinci Pläne für einen Hubschrauber?

a) Ahornfrucht ❍
b) Frucht des Schneckenklees ❍
c) Lindenfrucht ❍

3. Welchen Blattdurchmesser kann eine Riesenseerose erreichen?

a) 0,50 Meter ❍
b) 3 Meter ❍
c) 5 Meter ❍

4. Welches biologische Vorbild war für die Entwicklung des Lilienthal-Gleitflugapparates von Bedeutung?

a) Sperling ❍
b) Ente ❍
c) Storch ❍

5. Welches platzsparende Prinzip nutzte Otto Lilienthal für Transport und Versand seiner Flugapparate?

a) Sandwichprinzip ❍
b) Röhrenprinzip ❍
c) Faltprinzip ❍

6. Auf welche Erfindung wurde das erste Bionik-Patent erteilt?

a) Wasserschnecke des Archimedes von Syrakus ❍
b) Ausstreuer von Raoul Francé ❍
c) Gleitflugapparat von Otto Lilienthal ❍

7. Wie verbreiten Kletten ihre Früchte und Samen?

a) durch den Wind ❍
b) durch Tiere ❍
c) durch Ausschleudern ❍

8. Welcher Anlass führte dazu, dass der Haftmechanismus von Kletten genauer untersucht wurde?

a) Werfen von Kletten ❍
b) Das Säubern von Hundefell ❍
c) Trocknen von Kletten ❍

9. Aus welchen Wörtern wurde der Begriff „Bionik“ gebildet?

a) Biologie und Technik ❍
b) Biophysik und Aerodynamik ❍
c) Biologie und Elektrotechnik ❍

10. Wer erfand Papier aus Holz?

a) Johannes Keppler ❍
b) Otto Lilienthal ❍
c) René Réaumur ❍

11. Welches Prinzip findest Du sehr häufig bei Lebewesen?

a) ohne Material hohe Stabilität erreichen ❍
b) mit viel Material hohe Stabilität erreichen ❍
c) mit wenig Material hohe Stabilität erreichen ❍

12. Auf welche Weise sind Insektenflügel gefaltet?

a) längs ❍
b) quer ❍
c) diagonal ❍

13. Was ist Origami?

a) eine Kunst des Papierklebens ❍
b) eine Kunst des Papierfaltens ❍
c) eine Kunst der Papierherstellung ❍

14. Welches Ziel wird mit einem Experiment verfolgt?

a) Anfertigen eines Versuchsaufbaus ❍
b) Verwenden eines Messgerätes ❍
c) Gewinnen einer Erkenntnis ❍

15. Welches technische Gerät wurde nach dem Vorbild des Grubenorgans von Klapperschlangen entwickelt?

a) Parabolspiegel ❍
b) Infrarotstrahler ❍
c) Wärmebildkamera ❍

16. Welche Schwimmgeschwindigkeit können Delfine erreichen?

a) 25 Kilometer pro Stunde ❍
b) 65 Kilometer pro Stunde ❍
c) 120 Kilometer pro Stunde ❍

Ein echter Korallenfisch (links) und ein bionischer Fisch (rechts)

17. Welchen Leuchtstoff verdanken die Glühwürmchen ihr kaltes Licht?

a) Luziferin ❍
b) Neon ❍
c) Leuchtofix ❍

18. Was können die Haare des Eisbären?

a) die Farbe wechseln ❍
b) ihm beim Schwimmen helfen ❍
c) Licht zur Haut leiten ❍

19. Vom Blatt des Lotus perlen Wassertropfen ab, weil ...

a) ... es unglaublich glatt ist ❍
b) ... unzählige winzige Noppen aufweist ❍
c) ... eine Oberfläche wie die Haut von Haien besitzt ❍

20. Was trifft für die Wissenschaft „Bionik“ zu?

a) Lernen von Entdeckern und Erfindern ❍
b) Lernen von Pflanzen und Tieren ❍
c) Lernen von den Sternen ❍

Lösungen zum Bionikquiz:

1) a: Die Archimedische Schraube ist eine Vorrichtung zur Bewässerung von Feldern.
2) b: Vorbild für Leonardo da Vincis Hubschrauber-Skizzen war die Frucht des Schneckenklees.
3) b: Das Blatt der Riesenseerose kann einen Durchmesser von bis zu drei Metern erreichen.
4) c: Für seinen Gleitapparat studierte Lilienthal den Storchenflügel sehr genau.
5) c: Lilienthal nutzte das Faltprinzip, um seine Apparate platzsparend zu verpacken.
6) b: Das erste Bionik-Patent wurde auf einen Ausstreuer erteilt.
7) b: Die Klette verbreitet sich, indem sich ihre Früchte im Fell von Tieren verhaken.
8) b: Als er das Fell seines Hunds von Kletten befreite, kam George de Mestral der Gedanke, den Haftmechanismus genauer zu untersuchen.
9) a: Das Wort Bionik wurde aus den Begriffen Biologie und Technik gebildet.
10) c: René Réaumur erfand das Papier aus Holz.
11) c: Die Natur strebt oft danach, mit wenig Material hohe Stabilität zu erreichen.
12) a: Insektenflügel sind längs gefaltet.
13) b: Origami ist eine Kunst des Papierfaltens.
14) c: Ein Experiment führt man durch, um eine Erkenntnis zu gewinnen, also um etwas herauszufinden.
15) c: Bei der Wärmebildkamera war das Wärmeorgan von Grubenottern Vorbild.
16) b: Delfine erreichen Geschwindigkeiten von bis zu 65 Kilometern pro Stunde
17) a: Das Glühwürmchen leuchtet dank Luziferin.
18) c: Die Haare des Eisbären können Licht zur Haut leiten.
19) b: Unzählige winzige Noppen auf der Oberfläche des Lotusblatts lassen Wassertropfen einfach abperlen.
20) b: Bei der Bionik lernen wir von Pflanzen und Tieren.

Was hier wie ein echter Rochen aussieht, ist in Wirklichkeit ein davon angeregter Bionik-Schwimmroboter

Entdecke die Reihe mit der Eule!

Entdecke die Menschenaffen

Entdecke die Amphibien

Entdecke die Reptilien

Entdecke die Igel

Entdecke die Käfer

Entdecke die Möwen

Entdecke die Kraniche

Entdecke die Störche

Entdecke die Spechte

Entdecke die Robben

Entdecke die Wale

Entdecke die Haie

Entdecke die Eisvögel

Entdecke die Papageien

Entdecke die Pinguine

Entdecke die Hunde

Entdecke die Esel

Entdecke die Singvögel

Entdecke die Finken

Entdecke den Amazonas-Regenwald

Entdecke die Nagetiere

Die Reihe mit der Eule:
Die bunten Bände der Kinder-Sachbuchreihe für wissensdurstige Entdecker nehmen die Fragen der Kids ernst und beantworten sie auf kindgerechte, unterhaltsame Weise, ohne die Intelligenz der Kinder zu unterschätzen!

Begleitet werden die Kinder auf ihren spannenden Reisen von unserer schlauen Eule, die nie um Rat verlegen ist!

Entdecke die Vulkane

Entdecke das Gold

Entdecke die katholische Kirche

Natur und Tier - Verlag GmbH
An der Kleimannbrücke 39/41 · 48157 Münster
Telefon: 0251 - 13339-0 · Fax: 0251 - 13339-33
E-Mail: verlag@ms-verlag.de · www.ms-verlag.de